钢结构工业化建造与施工技术丛书

装配式钢结构建筑
施工与安装技术评价体系

张海霞　许　伟　李帼昌　著

中国建筑工业出版社

图书在版编目(CIP)数据

装配式钢结构建筑施工与安装技术评价体系/张海霞，许伟，李帼昌著. —北京：中国建筑工业出版社，2018.7
（钢结构工业化建造与施工技术丛书）
ISBN 978-7-112-22149-3

Ⅰ.①装… Ⅱ.①张… ②许… ③李… Ⅲ.①钢结构-建筑工程-工程施工-评价②钢结构-建筑结构-结构安装-评价 Ⅳ.①TU758.11

中国版本图书馆 CIP 数据核字(2018)第 089480 号

本书主要介绍装配式钢结构建筑施工与安装技术评价体系，共包括 8 章内容，分别是：绪论，评价方法，装配式钢结构建筑施工与安装技术评价体系分析，基于层次分析法的技术评价指标体系的构建，装配式钢结构建筑施工能耗，评价指标权重的计算与分析，装配式钢结构建筑施工与安装评价模型，评价体系界面的开发。

本书适用于从事结构设计与施工的研究、技术、管理人员使用，也可供大中专院校相关专业师生参考使用。

责任编辑：万　李
责任设计：李志立
责任校对：李欣慰

钢结构工业化建造与施工技术丛书
装配式钢结构建筑施工与安装技术评价体系
张海霞　许　伟　李帼昌　著

*

中国建筑工业出版社出版、发行（北京海淀三里河路 9 号）
各地新华书店、建筑书店经销
北京科地亚盟排版公司制版
廊坊市海涛印刷有限公司印刷

*

开本：787×1092 毫米　1/16　印张：10½　字数：256 千字
2018 年 7 月第一版　　2018 年 7 月第一次印刷
定价：**45.00 元**
ISBN 978 - 7 - 112 - 22149 - 3
(32046)

前　言

　　建筑业是我国的支柱产业之一，是为国民经济、社会发展服务的重要产业。近几年来，随着国家全面深化改革的实施和新型城镇化建设进程的加快，对建筑行业提出了转型发展的新要求，而建筑业的转型升级，当以改变传统高消耗型生产方式为主，即发展建筑工业化。钢结构建筑是一种绿色建筑，容易实现设计的标准化、构配件生产的工厂化、现场施工的装配化，是最适合预制装配式的工业化建造方式的建筑结构。装配式钢结构在建造施工与安装过程中能够有效地减少人工作业误差，降低劳动强度，减少现场施工所产生的能耗及环境污染，可提高建设速度和施工质量、提升建筑品质，其推广应用可促进建筑产业向绿色、节能、可持续的方向发展，真正实现建筑建造技术的根本转变，推动我国经济的国际化发展。

　　然而，装配式钢结构建筑的发展离不开有效的管理和对相应技术的评价，目前现有的评价方法主要针对建筑完工后工程质量的合格与否，结构的安全可靠性检验等，缺乏对整个建筑施工过程的评价与控制，尤其是国内尚属新兴技术的装配式钢结构建筑施工技术评价方面的资料更是很少，对整个建设周期内的控制也缺乏深入的研究。故此，有必要对装配式钢结构建筑建造过程中的新技术、新方法和新工艺以及应用其带来的各种效益进行评价，以促进装配式钢结构建筑的发展，同时为装配式建筑施工过程的管理做有益的补充和完善，更为监督机构以及建设决策者提供一定的参考意见。

　　故此，本书开展装配式钢结构建筑施工与安装技术评价体系的研究，共分为8章，第1章详细介绍了国内外关于建筑施工方面的评价体系，介绍了建筑施工能耗研究进展，阐述了本书的研究内容。第2章简要介绍了从经济学和运筹学中总结而出的几种常用的评价方法。第3章论述了装配式钢结构建筑施工与安装技术评价的内涵，并对其结构进行了分析，建立了以技术、经济、可持续及产业政策效应四个空间维度为主的评价体系框架，同时提出了装配式钢结构建筑施工与安装技术评价的等级，明确了其含义。第4章通过层次分析法和灰色聚类评估方法相结合的研究手段，构建了评价指标体系，并对具体指标进行了说明与解释。第5章通过绘制装配式钢结构建筑施工流程图，对施工能耗进行全面分析，建立计算模型，利用VB6.0制作能耗计算程序；进行施工过程中非绿色因素分析，提出四节能—环保的绿色施工专项方案。第6章基于层次分析法，建立各个评价指标的权重系数，同时尝试利用BP神经网络的方法，对评价体系中的主体结构和围护结构下的指标进行分析和预测。第7章结合装配式钢结构建筑施工与安装评价指标相关的现行规范、标准以及国家、行业和地方出台的相关政策，提出了装配式钢结构建筑施工与安装技术评价指标的具体评价标准及具体评价方式；进而建立了基于灰色聚类和基于模糊隶属度原理的评价模型，并通过举例验证了评估模型的实用性。第8章详细介绍了利用VF编制装配式钢结构建筑施工与安装技术评价可视化界面的过程及软件的使用方法。

　　本书的研究成果是在国家"十二五"科技支撑计划课题的资助下完成的，在编写过程中参考并引用了已公开发表的文献资料和相关教材与书籍的部分内容，并得到了许多专家和朋友的帮助，在此表示衷心的感谢。

本书是课题组开展装配式钢结构建筑施工与安装技术评价体系研究工作的总结。在课题研究过程中，研究生张德冰、郑海涛、徐伟、孟凡文等协助作者完成了大量问卷调查的发放、收取、数据处理及分析工作，黄妍、刘琪参与了本书稿的校对工作，他们均对本书的完成做出了重要贡献。作者在此对他们付出的辛勤劳动和对本书面世所作的贡献表示诚挚的谢意。

由于作者的水平有限，书中难免存在不足之处，某些观点和结论也不够完善，恳请读者批评指正！

张海霞、许伟、李帼昌

2018 年 3 月

目　　录

第1章 绪 论

1.1 研究背景及意义

建筑业是我国的支柱产业之一，是为国民经济、社会发展服务的重要产业。近几年来，随着国家全面深化改革的实施和新型城镇化建设进程的加快，对建筑行业提出了转型发展的新要求，而建筑业的转型升级，必然带来行业生产方式的重大变革。以往我国传统的建筑业生产方式以手工操作为主，使得施工现场制作多，湿作业多，材料浪费多，高空作业多以及扬尘、噪声等环境污染严重，这些问题一直制约着建筑业的快速发展。为了加快建设速度，降低劳动强度，提高施工质量和劳动生产率，彻底改变传统高消耗型生产方式，就必须发展建筑工业化。相较而言钢结构建筑是一种绿色建筑，容易实现设计的标准化、构配件生产的工厂化、现场施工的装配化，最适合预制装配式的工业化建造方式。数据显示，钢结构相对于传统混凝土建筑，得房率增加 $5\%\sim8\%$，施工效率提高 $4\sim5$ 倍，建设周期缩短 $1/3$，碳排放量减少 35%，现场作业人数减少约 60%。由此可见，在这个大变革时期，钢结构工业化建筑作为转型方向之一已经越来越明朗。钢结构工业化建筑不仅可以提高建设效率、提升建筑品质，而且可以引领现代建筑建造新模式，促进建筑产业向绿色、节能、可持续的方向发展，真正实现建筑建造技术的根本转变，推动我国经济的国际化发展。

装配式建筑是指预制部品部件在工地装配而成的建筑，其具有标准化设计、精细化设计、工厂化生产、装配式施工、一体化装修、信息化管理六大特征。装配式钢结构建筑最早以装配式钢结构住宅体系的形式源于欧美，近几十年的发展，已经形成一整套十分成熟的技术，并在日本得到了进一步的研究和开发，使之成为 21 世纪改善人类居住环境的理想产品[1-2]。

在英国，装配式钢结构住宅结构体系根据其构件预制单元的工厂化程度从构件到整体单元的不同被划分为三个等级：

1）"Stick"结构：钢构件在工厂进行加工制作后运输至现场再用螺栓或自攻螺栓进行连接；

2）"Panel"结构：将钢构件的主体结构、墙、屋面板等围护结构在工厂内进行预制，再运输到施工现场进行安装；

3）"Modular"结构：将整个房间设计为一个预制单元进行生产，再运输到施工现场进行拼装。

在法国，住房部于 1978 年提出钢结构工业化住宅体系的概念，经历了 30 年的发展目前已经成功过渡到钢结构住宅应用体系[3]。

典型的欧美装配式钢结构住宅采用的是轻钢龙骨体系。该体系的承重墙体、楼盖、屋盖及围护结构均由冷弯薄壁型钢及其组合件组成，通过螺栓及扣件进行连接，一般适用于3层以下的独立或联排住宅。作为"密肋型结构体系"之一，轻钢龙骨住宅主要具有以下优点：①自重轻、基础造价和运输安装造价低；②各种配件均可工厂化生产，精度高、质量好；③房间空间大、布置灵活；④良好的抗风和抗震性能；⑤施工安装简单、施工速度快、建筑垃圾少、材料易回收；⑥室内水电管线可暗藏于墙体和楼板结构中，可保证室内空间完整；⑦不需要二次装修。

国内装配式钢结构住宅的主要结构形式和对装配式钢结构住宅体系的研究起步较晚，直到1994年才正式提出住宅产业化的概念。经历20多年的快速发展，我国现阶段装配式钢结构住宅体系的主要发展方向可分为低层轻钢装配式住宅和多、高层轻钢装配式住宅两类。结构形式较为多样，按照受力体系主要有：框架—支撑体系、纯框架体系、交错桁架体系、框架—核心筒体系、框架剪力墙体系等。近几年来，由于我国大力推进建筑工业化的发展，新型装配式钢结构体系层出不穷，如北新集团研制的北新薄板钢骨住宅体系、宝业集团改进开发的一种新型分层装配式支撑钢结构体系、远大集团开发的节点斜撑加强型钢框架结构体系、杭萧钢构的钢管束组合结构体系、宝钢的装配式钢结构住宅技术体系（二代产品）、SI技术体系、同济大学的束柱结构体系、卓达集团的模块化轻钢结构住宅体系（SIP）等，大大加快了现场施工速度。

然而，装配式钢结构建筑的发展离不开有效的管理和相应技术的评价手段，目前现有的评价方法主要集中于建筑完工后工程质量的合格与否，结构的安全可靠性检验等，缺乏对整个建筑施工过程的评价与控制，而对国内尚属新兴技术的装配式钢结构建筑施工技术评价方面的资料更是很少，对整个建设周期内的控制也缺乏深入的研究。故此，有必要对装配式钢结构建筑建造过程中的新技术、新方法和新工艺以及应用其带来的各种效益进行评价，以促进装配式钢结构建筑的发展，同时为装配式建筑施工过程的管理做有益的补充和完善，更为监督机构以及建设决策者提供一定的参考意见。

1.2 国内外研究现状

1.2.1 国外研究现状

1. 评价体系方面

在欧美等发达国家和地区，质量概念已经不仅仅局限于产品质量本身，质量评价也不单单是对产品性能的评价，而是包括对产品、业绩及过程进行评价的综合过程，其目标也不在于得出一定的评价结果，而更注重通过质量评价来促进质量的持续改进，从而提高企业或行业的质量水平，为此，国外学者提出了基准评测的概念。Fisher等指出持续改进是全质量管理（TQM）的基本原则之一[4]，为了衡量持续改进的程度以及持续改进策略是否成功，需要确定一定的"函数"，通过实际状态函数值与特定状态函数值的比较得出对成功程度的判断，这个过程即为"基准评测"。基准评测最先应用于制造业，它被认为是一种广义上的竞争力分析，在日本、美国、英国等国家的多个行业领域中得到了广泛的应用[5]。然而，国际基准评测情报交换中心的研究表明，由于缺乏适当的评测标准，在建筑业中应用基准评测方法仍需较长时间。国外学者Belle、Hamiton、Winch、Kaka及Garnett

等从项目质量改进、国家、产业之间比较等对基准评测方法在建筑业中的实际应用进行了论述，其中 Garnett 和 Pickrell 综合 Camp、Codling、Coppers 和 Lybrand 等学者的研究成果提出了建筑业应用基准评测的"七步模型"[6-10]。

（1）研究是否需要变革、是否已经做好变革的准备以及由谁来负责组织变革。

（2）基准评测是否一直进行下去，考察相关的人、材、机等资源是否已经具备。

（3）识别评测对象。分析组织的业务水平和业务范围，确认关键成功因素。

（4）基准评测设计。确定基准评测的类型、具体参与人员以及前期研究框架。

（5）数据收集与分析。首先分析可以从组织中的哪个部门获得所需的数据，进一步完善和细化数据收集方法；然后进行数据收集并对获得的数据进行分析和必要的交流，确定最佳操作方法。

（6）实施。根据上一步确立的基准确定改进目标并对过程进行监控与调整。

（7）反馈。分析现有的检查和持续改进战略，研究可引入基准评测的新领域。

该模型以评价为基础，以质量改进为核心，其实施的关键和难点在于确定最佳操作方法。通过分析过程了解目标的问题所在，为评价目标的控制和改进提供建议与参考。基准评测由于建筑业的分散性以及项目建设的一次性等特点，如由单个建筑业企业依靠自己力量针对自身业务实施基准评测过程，投入较大且收效甚微。为此，英美等国出现了一些基准评测咨询组织，如休斯顿商业圆桌组织等，以第三方身份对企业实施基准评测并向会员提供有关的信息和服务。一个完整的基准评测过程，不仅包括质量评价活动本身，还包括了评价成果的应用与反馈，以及质量改进过程。从这个过程来看，20 世纪 80 年代末期至 90 年代初期在新加坡和我国香港诞生的建设工程质量评价体系可称得上是基准评测方法应用于建筑业的成功示例。与基准评测方法在欧美国家建筑业由学术界研究至行业应用的发展途径不同，新加坡和香港的工程质量评价是由政府管理部门推行的，其评价成果也主要为当地的政府管理部门所用，并通过与政府部门管理措施和有关政策的结合，对当地的建筑业质量改进和水平提高起到了重要的推动作用。

20 世纪末，新加坡建筑业飞速发展，建筑工程量不断增大，同时建筑工程屡屡出现质量问题，为了改变建筑工程质量水平低下的局面，新加坡建筑主管部门采取了一系列的措施，1989 年开始推行 CONQUAS 体系，1990 年推行与 CONQUAS 体系相配的建设工程质量奖励方案（Bonus Scheme for Construction Quality，BSCQ），1994 年开始对从事不同规模工程的承建商提出相应的 ISO 认证要求。在上述措施中，CONQUAS 体系的建立核实性具有重要的导向作用，其影响非常深远。

CONQUAS 体系自提出和实施以来，一共经历了四次修改，目前，该体系的有效版本是 2000 年发布的 CONQUAS 21 版，通过政府部门、相关机构、承建商、发展商等多方磋商讨论并反复修改，CONQUAS 体系的评定标准集中体现了质量法规和技术规范的要求，而且始终随着工程技术的不断完善，可使用不同类型的建设工程，其评价内容主要包括：结构工程、装饰装修工程和机电工程三个部分，将各大项又分别分为若干小项，然后对各小项赋予不同权重。各部分的评价均按照工程的进度分段进行，评价过程一般包括抽样、现场检查和评价及评分，现场评分结束后，评价人员统计首次评价中记为合格的检查数量项目，与实际检查项目数目总数相比，得出该部分评价的百分之得分，最后根据各个部分评价的得分和相应的权重，汇总计算出项目的 CONQUAS 分数。该体系结合相应的激励惩罚措施，实现了对建筑工程的有效管理和控制[11-14]。表1-1为CONQUAS体系评价各部分的权重系数，该权重系数综合考虑不同建筑类型、不同部分的造价比例和适用性要求。

CONQUAS体系权重系数 表 1-1

评价部分	A类商业、工业及其他	B类公寓及其他	C类公共住宅	D类地产
结构工程	30%	35%	45%	40%
装饰装修工程	50%	55%	50%	55%
机电工程	20%	10%	5%	5%
合计	100%	100%	100%	100%

根据此种评价模式，国外学者塔姆指出，施工管理团队的管理经验和施工人员的质量意识是工程质量管理中两个最重要的因素，而这两个因素究其根本是企业文化在工程施工、组织管理与相关人员身上的体现，因此若想从根本上提高工程质量的管理，应该首先从以上两点入手，这也是质量改进的原动力，同时也正是推行质量评价体系的目的所在[12-14]。

2. 施工能耗方面

随着世界能源危机的加剧，节能环保问题日益成为人们关注的焦点。根据国际能源署关于不同部门二氧化碳排放量的统计数据显示，碳排放量最高的三大领域分别是建筑业、工业、交通运输业，其中建筑业的二氧化碳气体的排放量占人类温室气体排放总量的30%～50%[15]，这一比例远远高于工业和交通运输业，由此可见，建筑业是降低二氧化碳排放量的关键领域。相关学者通过对建筑物二氧化碳排放量的调查得出：建筑物二氧化碳的排放量与能耗基本成正比。因此，通过降低建筑物能耗能够达到减少二氧化碳排放的效果，可以取得节能与环保的双赢。

国外对建筑施工能耗的研究起步较早，绿色施工的推广应用研究比较成熟，绿色施工作为建筑施工企业可持续发展的主要途径，其理论可追溯到20世纪30年代。当时，美国建筑师富勒将"少费而多用"的思想为绿色施工奠定了理论基础，该思想主要指充分利用有限的物资资源，在满足人类日益增长的生存需要的同时逐渐减少资源消耗[16]。由于全球资源浪费与环境恶化已经愈演愈烈，世界各国已经注意到绿色施工的重要性与紧迫性。

1993年，学者Charles J. Kibert首次提出了可持续在施工中应用的概念，深入研究了可持续如何应用于施工中节约能源、减少排放，为可持续施工的发展奠定了基础[17]。

1997年，学者Adalbert对北欧地区常用建筑物能耗的研究表明：在建筑物50年的寿命中，建筑材料的内含能占建筑物全生命周期能耗的10%～15%，对一些注重减低使用能耗的建筑来说，建筑材料的内含能量可以达到建筑总能耗的60%[18]。

1999年，学者Harris研究发现，建筑物中使用的外围绝热材料不一定越厚越好，当建筑外围绝热材料超过一定的尺寸后，采用过厚绝热材料减低建筑能耗的方法将得不偿失[19]。

2001年，学者T. Y. Chen分析了我国香港的两栋高层住宅建筑的能耗，并对比了其能量消耗的具体情况，结果表明钢材是能量消耗最大的建筑材料，为减少建筑物能耗的研究奠定了基础[20]。

2008 年，学者 A. Dimoudi 对建筑物中的不同建筑材料所起的作用大小进行了能量换算对比分析，结果表明钢筋及混凝土占建筑物总内能的 59.5%～66.7%，同时比较了建筑物建造能耗与建筑物运行能耗，约占 50 年运行总能耗的 12.5%～18.5%[21]。

2010 年，学者 Jamie Goggins 采用爱尔兰数据资料，利用能耗计算模型计算了钢筋混凝土建筑的建造能耗，结果显示：混凝土的能耗占总能耗的 70% 左右，如果在混凝土中添加高炉矿渣水泥，能够很大程度降低混凝土的能耗量，对研究细部材料对施工能耗的影响奠定了基础[22]。

2011 年，Hasim Altan 就内含能和二氧化碳的排放量，对我国台湾地区的钢筋混凝土结构、钢结构和木结构所用的建筑材料进行了研究，结果表明：木结构比较适合于台湾的建筑环境[23]。

2012 年，新加坡颁布了绿色施工标准，新加坡环球影城就是通过一系列施工标准如节约施工材料、节约施工用水、施工用电、施工机械以及施工人员管理，降低了建筑施工的能源消耗；德国主要利用政策手段，规定建筑只有经过设计师论证已经达到标准后，才可以领取建筑许可证。在新建筑的节能效果达到标准、满足要求之后才可以领取使用许可证；英国则是通过建筑法规，规定了墙体、窗户、楼面和屋面以及建筑总外表面积的最大能耗值，规定计算用能率必须满足目标值。

2014 年，Taehoon Hong 为了评估能源消耗和温室气体排放量，研发了一个基于 LCA 的输入输出模型，并利用所建立的模型对某住宅楼工程进行分析，结果表明：材料制造阶段的能源消耗和温室气体排放量是最大的，材料制造，运输和现场施工阶段的能源消耗分别占施工阶段能耗的 94.89%，1.08% 和 4.03%[24]。

1.2.2　国内研究现状

1. 评价体系方面

我国 20 世纪 90 年代中期起，一些国内学者对于建设工程质量的评价方法和数学模型进行了研究。郑周练等指出通过划分质量等级来对工程质量进行评价具有模糊性，因而构建了应用模糊数学理论评判工程质量的数学模型。模型中一一确定了基本项目和允许偏差项目在各种条件下的模糊隶属函数，依据隶属函数得出基本项目和允许偏差项目的模糊评判矩阵，根据最大隶属度原则对基本项目和允许偏差项目的质量等级进行模糊综合评定，并在此基础上对分项工程、分部工程、单位工程的质量等级进行模糊综合评判[25]。李田、雷勇、陶冶等除提出类似的模糊综合评判基本模型外，还分别给出了实施模糊综合评判方法对工程质量进行评价的实例，并就工程质量评价实例计算过程中涉及的权重问题提出自己的见解[26-28]。李田认为在模糊综合评判中，权重是至关重要的，它反映了各个质量影响因素在综合评判中所占有的地位或所起的作用，并直接影响到综合评判的结果[26]。陶冶等指出模糊综合评价中可以根据实际需要和各种评价模型的特点，选取比较适宜的方法来生成权数[28]。上述文献中的权重主要是根据专家的经验判断直接确定，其客观性和合理性值得商榷。周焯华、刘迎心、吕云南、梁爽等则在应用模糊数学理论的基础上，引入了层次分析法来构建项目质量评价指标体系并计算指标的权重[29-32]。通过数学变换得出的权重结果更客观地吸收了专家的经验和意见，从而提高了模糊综合评判模型的可靠性。除在建设工程质量评价中引入新的数学方法之外，国内学者也对评价的对象和内容即建设工程质量进行了一些探讨。陶冶等提出将建筑工程质量分为设计质量和施工质量。周焯华等提出现有质量评价方法不符合工程质量的系统性、模糊性和客观性要求，应运用质量学原理，以系统层次分析法和模糊综合评价法为技术手段对工程质量及其内涵进行全面客观的分析与评价[29]。刘迎心等提出应从工程项目实体质量、质量保证资料、工程观感质量、设计质量以及对环境影响等因素入手，对工程质量进行综合评判和控制[30]。这些观点较对建设工程质量的一般认识有所深入，但仍未能从整体的、系统的、全面的角度理解建设工程质量的概念及对其评价采用的方法。此外，上述多以得出工程质量等级评定结果为目标，而评定结果只是一个水平体现，对于结果较为相近的项目评定存在一定的偏差，例如评价的两个工程实际质量水平差距不大，但二者评价结果恰巧处于某个评价等级的分界点，这样就造成了两个工程评价等级的差别，而此评价并不能反映工程之间的真实差距，评定等级的方式以及理论偏重于讨论项目质量评价方法的科学性，较少涉及对质量评价制度以及宏观质量数据的研究和探讨。

近年来，随着我国工程质量监督体制改革的展开和不断深化，一些国内学者从保证评价结果客观性和公正性的角度，对我国现行的建设工程质量等级评定制度及评价模式进行了分析和研究。何伯洲等提出建立一种以用户评价为主，建筑业协会提供组织技术支持的新型评优机制，将工程质量监督机构彻底从评优工作中解放出来，新的评优组织应包括施工单位、设计单位、监理单位、质量检测单位和工程质量监督机构[33]。顾胜提出由建设方组织由建设、监理、施工三方组成的综合打分小组评定单位工程的观感质量，综合三方评价结果得出工程质量评价结果的方式[34]。

上述为国内学者对建设工程质量评价的数学方法和评价模型进行了较为深入的研究，取得了有益的成果。然而，数学方法是工具，评价模型是基础，要对建设工程质量进行全面的、科学的评价，而不能仅仅依靠方法和所建立的模型。尽管国内研究中提出的评价方法和评价模型都臻于完善；然而由于这些模型和方法多以建设工程项目的安全性或施工质量评价为出发点，对建设工程质量缺乏宏观的、系统的和整体的考虑，并且由于缺乏对政府管理部门工作需要的分析，导致模型和方法在实际应用和操作上存在一定难度。

国内目前关于建筑工程评价体系应用比较好的是香港的 PASS 体系（承建商表现评分系统），该体系由香港政府制定，评价工作由香港房屋委员会管理和执行，其评价结果与相应的政策相结合，推动了香港建筑工程质量水平的提高。20 世纪中后期，香港经济飞速发展，为了改善香港民众的住房问题，香港政府修建了大量公共房屋。但是由于缺乏有效的质量管理体系，并且过度关注公屋的建设数量，导致这一时期建设的公屋质量水平参差不齐，质量问题颇多，这个问题当时并未引起重视，但在公屋投入使用后，各种质量问题凸显出来，过高的维修、维护费用使得香港政府意识到建筑工程管理的重要性。为此，香港政府学习新加坡 CONQUAS 评级系统，于 1991 年建立了"承建商表现评分系统"（PASS—Performance Assessment Scoring System），目的就是控制在施工和后期维护上对承建商行为进行考核和控制，对各类建筑承建商的施工水平和产品质量水平进行评价判断，同时作为建筑水平的依据，可为表现优异的承建商给予更多的投标机会[35]。

PASS 系统由三部分组成：输出评分、投入评分和保修期评分。从对承建商评价因素这个角度看，PASS 系统较国内其他的一些评价理论更加全面，不仅考虑了施工阶段的质量反馈，同时对这个工程的经济性（比如工期、进度等方面）以及工程完工后的维修保修等有所考虑，PASS 系统的评价框架如图 1-1 所示。

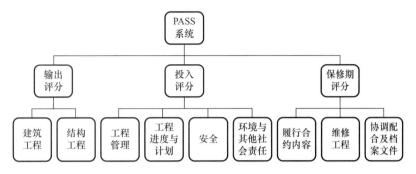

图 1-1　PASS 体系评价框架

　　PASS 系统输出评分由建筑工程与结构工程两部分组成。建筑工程指标的构成主要包含地面、内墙、外墙、顶棚、窗、上下水管道、预制构件、防水等。结构工程指标的构成主要包含钢筋、模板和脚手架、混凝土外观质量、现场施工质量和检测。投入评分由安全、环境和其他社会责任、工程进度和计划、工程管理四部分组成。投入评分用于衡量承建商的现场综合管理能力，按季度进行。安全评分为每季度 2 次；环境、工程进度和计划以及工程管理三部分评分分别为每季度 1 次。保修期评分由保修期内承建商应履行合约的内容、维修工程、协调配合及档案文件三部分组成。保修期评价用于工程竣工验收至保修期内的评价（保修期为 2 年）。保修期评分为每季度 1 次。PASS 体系的评分程序是施工现场工程师在评价系统中输入工程进度。施工现场与房委会联网，共用一套 PASS 系统。房委会官员在现场评价系统中随机抽样，并将抽查到的房间按顺序编号。承建商代表出席时实施评估。房委会项目组官员和项目评估组官员（PAT）分别将评价结果填入评分手册，将评价结果输入电脑系统。我国香港 PASS 系统通过十几年的不断完善已逐渐成熟，其作为评定公共建筑质量的标准方法对香港建筑质量的提升起到了巨大的推动作用。与新加坡 CONQUAS 评价体系相比，我国香港 PASS 系统更细致，考虑了涉及质量的更多方面，不仅包含施工阶段，还考虑了施工后的保修期、施工各个责任方的影响，总体偏向于整个工程寿命内的各个方面的管理控制。

　　深圳市建筑质量评价体系则考虑了涉及质量的更多方面，不仅包含施工阶段，还考虑了施工后的保修期、施工各个责任方的影响，总体偏向于整个工程寿命内的质量控制。评价内容不仅包含项目评价、承建商评价、分包商评价，还包含监理单位、建设单位、设计单位、勘察单位、检测单位、审图机构的评价。评价结果更为丰富，除针对评价内容得到的结果外，还可得到深圳地区的房建工程质量状况、公共建筑工程质量状况、市政工程质量状况、燃气工程质量状况、各方责任主体行为质量状况及行业质量状况等。评价指标的权重设计建立在一定的数学理论基础之上，应用层次分析法、调查问卷等方式进行权重的计算，较 PASS 系统更具科学性和可靠性。

　　综上所述，目前评价体系均是对工程质量，绿色施工等方面的研究，缺乏对新技术应用于整个建筑施工过程的评价与控制，而对装配式钢结构建筑施工与安装技术评价方面的资料更是很少，对整个建设周期内的控制也缺乏深入的研究。

2. 施工能耗方面

目前国内学者主要研究了建筑物全寿命周期的能耗，尤其是建筑在运行阶段的能量消耗。对于施工阶段的能量消耗，我国研究仍处于起步阶段，相关研究很少，也没有规范的计算模型。在计算施工能耗时很少能完整和全面的研究施工的初始能耗、能量消耗路径以及计算方法。因此，目前我国研究学者在这个领域的研究仍处于滞后阶段。我国正在积极推进绿色施工和生态施工，力争在施工中将能耗降到最低。随着绿色建筑体系的深入研究，我国的研究体系也在逐渐趋于完善，研究也在逐渐深入。

2002年，甄兰平以系统工程原理为基础，深入研究了住宅建筑全寿命周期的评选程式，运用多层次模糊综合评价建立了东北地区节能方案的表达式，评价了全寿命周期中建筑物的能耗情况[36-37]。

2003年，黄志甲针对一次能源开采和部分二次能源生产建立了能源上游阶段清单模型，对柴油、汽油、电和燃料油进行了清单分析，同时也对水泥、石灰、灰砂砖、粉煤灰砌块以及一些经常使用的围护结构进行了清单分析，为相关领域的研究奠定了一定的数据基础[38]。

2006年，李思堂主要从建筑材料的角度分析了建筑施工初始能耗的计算过程，分析了大型项目建设初始能耗的概念，并对集成图进行了分析，为大型项目施工能耗的计算奠定了基础，得出节能减排的主要途径是降低主要建筑材料的生产能耗及降低建筑材料的使用量[39]。

2007年，《绿色施工导则》作为推广绿色施工的重要导则，为推行四节一环保起到核心指导作用，在此基础上颁布了《建筑节能工程施工质量验收规范》，能够更好地监督施工能耗的管理工作。

2008年，杨克红、张根凤、孙永强等为提高环境保护意识，提出在建筑施工现场环境应达到标准，施工企业应积极推行绿色施工技术。应该重点控制相关环境指标如建筑材料、污水处理、施工粉尘、施工设备等，在全过程中对施工进行低碳控制。为达到上述要求，应根据实际情况建立绿色指标评价体系，加大施工管理力度。相比混凝土建筑，钢结构的优越性很强，对其热工性能的研究是目前最主要的研究问题之一[40-42]。

2009年，祁翠琴、冯向东等人初步分析了公路工程施工过程中的节能减排问题。通过改进施工技术降低了施工能耗，对施工资源的回收利用起到关键作用，并指出我国应该将绿色施工纳入法律条规以及激励措施促进绿色施工的推行[43-44]。

2010年，朱嬿、陈莹利用住宅建筑生命周期能耗及环境排放模型对实际工程实例进行了计算分析，计算结果表明建材开发生产与建筑施工两阶段能耗在全寿命周期中所占比例最大，达到了80%左右[45]。Hui Yan等人分析了建筑材料在生产与运输以及资源开采过程中的能量消耗。研究表明，钢筋和混凝土的能源消耗在整个建筑全寿命周期中所占比例最大[46]。

2012年，金珍宏在对白鹤滩水电站施工期能耗进行分析（主要涉及主体及临建工程施工、施工辅助生产系统、施工临时建筑、施工管理区及工程建设生活区等项目的主要用能设备、能耗种类、能耗分布点、负荷水平）时提出了单位工程量能耗、能耗总量及分年度能耗量的分析方法，为建筑物施工能耗的分析提供设计借鉴[47]。

2013年，薛洁静针对建筑施工污染严重、能耗巨大等问题，介绍了慈溪大剧院项目在绿色施工与节能减排方面采取的技术措施，以及此项目多个主要绿色施工技术在施工过程中的应用，体现了绿色施工所带来的经济效益与社会效益[48]。

2014 年，靳连晨在浅谈工民建施工节能技术一文中论述了建筑施工能耗的表现形式以及对环境的影响深度，优化了施工措施，得出如下结论：只有全方位采取节能措施，加强对建筑材料运输、施工全过程的控制，才能将建筑施工初始能耗降低，降低其对环境的影响，达到低碳施工的要求[49]。刘庆龙阐述了施工过程分析法、现场实测法、投入产出法三种施工能耗分析方法，提出了施工能耗定额评价体系，并在此基础上提出了节能施工的措施[50]。

研究表明：在建筑物全生命周期能耗中，建筑物的施工初始能耗占 20％左右，在低能耗建筑中，施工初始能耗所占比例高达 60％。只有全方位采取节能措施，加强对建筑材料运输、施工全过程的控制，才能将建筑施工能耗降低，同时降低其对环境的影响，以达到低碳施工的要求。

1.3 本书的研究内容

本书首先对与建筑工程施工安装技术评价体系相关或者类似的国内外现有文献进行了回顾，并对这些文献进行深入研究，一方面总结了钢结构施工和安装与混凝土结构施工过程中的不同之处，归纳了装配式钢结构的技术特点，另一方面，了解了国内外关于钢结构建筑的发展状况。其次，本书简要介绍了几种评价方法，为装配式钢结构建筑施工与安装技术评价体系的建立奠定理论基础。第三，本书针对装配式钢结构建筑的特点以及工业化建造技术的发展，深入讨论装配式钢结构建筑工业化建造施工与安装技术的评价模型和评价机制，结合技术评价理论，建立了以性能、经济、政策为基础导向的评价模型，围绕此评价模型从施工技术和技术评价两方面着手，就技术性能、经济性能、绿色可持续性和产业政策效应方面的评价开展深入分析，同时采用灰色聚类和层次分析法相结合的方法，构建评价体系的准则层和指标层，并采用专家问卷调查的方式，确定各个指标的权重系数。第四，本书依据装配式钢结构建筑建造特点，绘制施工流程图，对施工能耗进行全面分析，建立计算模型，结合施工流程图，利用 VB6.0 制作了民用钢结构建筑施工能耗计算程序，便于装配式钢结构建筑工业化建造施工能耗的计算。进行装配式钢结构建筑施工过程中非绿色因素的分析，提出装配式钢结构建筑"四节一环保"的绿色施工专项方案，为装配式钢结构建筑施工与安装技术提供有效的参考。

最后，利用编程软件将评价指标体系编制成钢结构建筑施工与安装技术评价体系的操作软件，为装配式钢结构建筑施工与安装技术的评价提供直观、便捷、智能的平台，为监督机构提供有效的参考。

本章参考文献

[1] 樊则森，李张苗，鲁晓通. BIM 技术在装配式建筑中的应用和实施方案. 建筑工业化装配式建筑网 http://mp. weixin. qq. com/s/QlSthBAW05-Pqi7icVm2cQ.

[2] 卢俊凡，王佳，李玮蒙，郭嘉欣. 装配式钢结构住宅体系的发展与应用 [J]. 城市住宅. 2014. （8）：26-29.

[3] 曹杨，陈沸镔，龙也. 装配式钢结构建筑的深化设计探讨 [J]. 钢结构，2016 (31)：72-76.

[4] Deborah Fisher，Suan Miertschin，David R Pollock. Benchmarking in construction industry

[J]. Jounal of Management in Engineering, 1995, 11 (1): 50-57.

[5] N M Lema, A D F Price. Benchmarking: Performance improvement toward competitive advantage [J]. Journal of Management in Engineering, 1995, 11 (1): 28-37.

[6] Richard A Belle. Benchmarking and enhancing best practices in the engineering andconstruction sector [J]. Journal of Management in Engineering, 2000, 16 (1): 40-57.

[7] M R Hamiton, G E Gibson Jr. Benchmarking preproject planning effort [J]. Journal of Management in Engineering, 1996, 12 (2): 25-33.

[8] Graham Winch, Brid Carr. Benchmarking on-site productivity in France and the UK: a CALIBRE approach [J]. Construction Management and Economics, 2001 (19): 577-590.

[9] A P Kaka. The development of a benchmark model that uses historical data formonitoring the progress of current construction projects [J]. Engineering, Constructionand Architectural Management, 1999, 6 (3): 256-266.

[10] Naomi Garnett, Simone Pickrell. Benchmarking for construction: theory and practice [J]. Construction Management and Economics, 2000 (18): 55-63.

[11] 冒颖. 建筑企业项目绩效评价体系设计的研究 [D]. 武汉: 武汉科技大学硕士学位论文, 2004.

[12] Sui Pheng Low, Willie Tan. Public policies for managing construction quality: the grand strategy of Singapore [J]. Construction Management and Economics, 1996, 14 (4): 295-309.

[13] C W Kam, S L Tang. Development and implementation of quality assurance in public construction works in Singapore and Hong Kong [J]. The International Journal of Quality & Reliability Management, 1997, 14 (9): 909-928.

[14] C W Tam, Z M Deng, S X Zeng, C S Ho. Performance assessment scoring system of public housing construction for quality improvement in Hong Kong [J]. The International Journal of Quality & Reliability Management, 2000, 17 (4/5): 467-478.

[15] 蔡向荣, 王敏权, 傅柏权. 住宅建筑的碳排放量分析与节能减排措施 [J]. 防灾减灾工程学报, 2010, 30: 428-431.

[16] 徐鹏鹏. 绿色施工评价体系研究 [D]. 重庆: 重庆大学硕士学位论文, 2008.

[17] Kibert C. J. Sustainable Construction: Green Building Design and Delivery [M]. 2nd Ed. John Wiley&Sons. 2007.

[18] Adalbert K. Energy use during the life cycle of single-unit Dwellings: examples [J]. Building and Environment, 1997, 32 (4): 321-329.

[19] Harris D J. A quantitative approach to the assessment of the environmental impact of building materials [J]. Building and Environment, 1999, (34): 751-758.

[20] T. Y. Chen, J. Burnett, C. K, Chau. Analysis of embodied energy use in the residential building of Hong Kong [J]. Energy, 2001 (26): 323-340.

[21] A. Dimoudi, C. Tompa. Energy and environmental indicators related to construction of office buildings [J]. Resources, Conservation and Recycling, 2008 (53): 86-95.

[22] Jamie Goggins, Treasa Keane, Alan Kelly. The assessment of embodied in typical reinforced concrete building structures in Ireland [J]. Energy and Building, 2010 (42): 735-744.

[23] Hasim Altan, Sheng Han. Environmental impacts of building structures in Taiwan [J]. Procedia Engineering, 2011 (21): 291-297.

[24] Taehoon Hong, ChangYoon Ji, MinHo Jang, HyoSeon Park. Assessment Model for Energy

Consumption and Greenhouse Gas Emissions during Building Construction [J]. Journal of Management in Engineering, 2014 (2): 226-235.

[25] 郑周练, 赵长荣, 王慰佳等. 建筑安装工程质量的模糊评定 [J]. 重庆建筑大学学报, 2000, 22 (增刊): 113-117.

[26] 李田. 高层结构质量评定方法的研究 [J]. 建筑结构学报, 1997, 18 (2): 46-51.

[27] 雷勇. 模糊综合评判在建筑工程质量评定中的应用 [J]. 住宅科技, 1997 (5): 41-43.

[28] 陶冶, 陈阳, 梁勉. 工程质量综合评价方法 [J]. 湖南大学学报 (自然科学版), 1999, 26 (6): 108-112.

[29] 周焯华, 张宗益. 建筑工程质量评定的层次分析法 [J]. 重庆建筑大学学报, 1997, 19 (6): 79-85.

[30] 刘迎心, 李清立. 建筑工程质量的一种评价方法 [J]. 北京交通大学学报, 1998, 22 (1): 92-95.

[31] 吕云南. 市政道路工程质量模糊综合评价 [J]. 中国市政工程, 2001, (1): 4-8.

[32] 梁爽, 毕继红, 刘津明. 建筑工程质量等级的模糊综合评判法 [J]. 天津大学学报, 2001, 34 (5): 664-668.

[33] 何伯洲, 周显峰, 谭大璐. 转变工程质量监督机构工作机制的研究 [J]. 哈尔滨建筑大学学报, 2002, 35 (3): 101-104.

[34] 顾胜. 试论新体制下的工程质量评定 [J]. 广西土木建筑, 2001, 26 (4): 202-203.

[35] 张冬茵, 弓经远. 香港 PASS 系统与深圳市建设工程质量评价体系对比分析 [J]. 工程质量, 2008, 2 (A): 10-12.

[36] 甄兰平, 李成. 建筑能耗、环境与寿命周期节能设计 [J]. 工业建筑, 2003, 33 (2): 19-21.

[37] 甄兰平, 李成, 彭昌海. 夏热冬冷地区节能住宅设计方案的评选程式 [J]. 工业建筑, 2002, 32 (11): 19-22.

[38] 黄志甲. 建筑物能量系统生命周期评价模型与案例研究 [D]. 上海: 同济大学博士学位论文, 2003.

[39] 李思堂, 李惠强. 大型项目建设初始能耗研究 [J]. 建筑技术, 2006, 37 (2): 150-152.

[40] 杨克红. 倡导绿色环保施工建立施工现场环境控制达标模式 [J]. 施工技术, 2008 (3): 53-56.

[41] 张根凤. 绿色施工实施的要点、难点评析 [J]. 铁道工程学报, 2008 (7): 107-110.

[42] 孙永强, 张旭, 苏醒. 不同体量钢结构住宅结构及围护结构生命周期详单分析 [C]. 全国暖通空调制冷 2010 年学术年会论文集.

[43] 祁翠琴, 李淑君, 胡梦谦. 公路施工环保技术浅谈 [J]. 公路交通科技, 2009 (8): 205-206

[44] 冯向东. 推行绿色施工实行建筑业可持续发展 [J]. 开放导报, 2009 (3): 66-69.

[45] 朱嬿, 陈莹. 住宅建筑生命周期能耗及环境排放案例 [J]. 清华大学学报, 2010, 50 (3): 330-334.

[46] Hui Yan. Greenhouse gas emissions in building construction: A case study of One Peking in Hong Kong [J]. Building and Environment, 2010, (45): 949-955.

[47] 金珍宏. 白鹤滩水电站施工期能耗量分析方法 [J]. 水利水电技术, 2012, 43 (11): 34-36.

[48] 薛洁静, 周铮. 节能减排措施与绿色施工技术在慈溪大剧院项目的应用与研究 [J]. 城市建设理论研究, 2013, (26): 46-50.

[49] 靳连晨. 浅谈工民建施工节能技术 [J]. 工程论坛, 2014 (3): 281-282.

[50] 刘庆龙. 建筑施工初始能耗及节能施工技术研究 [J]. 新材料新装饰, 2014 (5): 379-380.

第 2 章　评 价 方 法

评价体系研究路线不仅应包括理论研究，也应采取实际调研的方式。理论研究方面，通过总结分析装配式钢结构建筑施工建造技术的特点，与传统混凝土结构建筑相对比，提出了两者的异同。实际调研则是通过对建筑工程建造参与的各方进行实地考察以及问卷调查，获取构建评价体系所需的意见及数据。文中所获得的数据主要通过总结建筑工程施工质量评价标准以及通过设计的问卷获取的，包括向特定企业和富有经验的个人发放问卷，把收回的问卷进行整理，通过评价方法对获得的数据进行处理、分析，然后得出评价体系中各个指标的权重。因此，掌握评价指标体系的评价方法尤为重要，本章将简要介绍常用的几种评价方法，这些方法主要是从经济学和运筹学中总结而出的。

2.1　层次分析法

2.1.1　概述

20 世纪 70 年代初期，美国运筹学家 T. L. Saaty 教授提出了层次分析法[1]（Analytic Hierarchy Process，简称 AHP）。层次分析法的基本原理是把研究过程中的一个相对复杂的问题看成一个系统，划定影响问题结果的各个因素，找出各个因素彼此之间的相互联系和有序次序，由相关领域专家对每一层次的各个因素进行综合比较，给出各因素相对重要性的定量表示，以此建立数学模型，计算出各个因素的权重值，加以排序，最后根据排序结果得出各个因素对上一层次指标的重要性的影响程度，从而对目标结果做出正确的判断。此方法的优点是定性分析和定量计算的结合，具有高度的系统性，逻辑性和实用性，是解决多层次、多目标决策性问题较为有效的方法[2]。

2.1.2　层次分析法的运用步骤

评价模型一般情况下可以分为目标层、准则层和指标层三个层次。指标层根据评价模型的结构特点，一般可以分为一级指标层、二级指标层、三级指标层等。然而，有时候准则层也可称为一级指标层。运用层次分析法建立层次模型，一般可分为四个步骤。

1. 建立递阶层次结构模型

应用 AHP 分析决策问题时，首先要把问题条理化、层次化，构造出一个有层次的结构模型。在这个模型下，复杂问题被分解为元素的组成部分。这些元素又按其属性及关系形成若干层次。上一层次的元素作为准则对下一层次有关元素起支配作用。这些层次可以分为三类：

最高层：这一层次中只有一个元素，一般它是分析问题的预定目标或理想结果，因此也称为目标层。

中间层：这一层次中包含了为实现目标所涉及的中间环节，它可以由若干个层次组成，包括所需考虑的准则、子准则，因此也称为准则层。

最底层：这一层次包括了为实现目标可供选择的各种措施、决策方案等，因此也称为因素层（指标层）。

递阶层次结构中的层次数与问题的复杂程度及需要分析的详尽程度有关，一般情况下，层次数不受限制。递阶层次结构示意如图 2-1 所示。

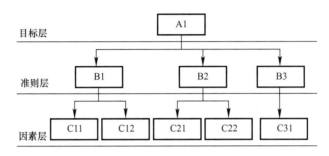

图 2-1　递阶层次结构示意图

2. 建立各层次指标之间的两两判断矩阵

建立判断矩阵层次结构反映了因素之间的关系，但准则层中的各准则在目标衡量中所占的比重并不一定相同，在决策者的心目中，它们各占有一定的比例。

设要比较 n 个因子 $X=\{x_1,\cdots,x_n\}$ 对某因素 Z 的影响大小，Saaty 等人建议可以采取对因子进行两两比较建立成对比较矩阵的办法。即每次取两个因子 x_i 和 x_j，以 a_{ij} 表示 x_i 和 x_j 对 Z 的影响大小之比，全部比较结果用矩阵 $A=(a_{ij})_{n\times n}$ 表示，称 A 为 $Z-X$ 之间的成对比较判断矩阵（简称判断矩阵）。若 x_i 与 x_j 对 Z 的影响之比为 a_{ij}，则 x_j 与 x_i 对 Z 的影响之比应为 $a_{ji}=\dfrac{1}{a_{ij}}$。

定义 1 若矩阵 $A=(a_{ij})_{n\times n}$ 满足 $a_{ij}>0$，$a_{ji}=\dfrac{1}{a_{ij}}(i,j=1,2\cdots,n)$，则称之为正互反矩阵。关于如何确定 a_{ij} 的值，Saaty 等建议引用数字 $1\sim9$ 及其倒数作为标度。$1\sim9$ 标度的含义见表 2-1 所列。

1~9 标度的含义　　　　　　　　　　　　　　　表 2-1

标度	含义
1	表示两个因素相比，具有相同重要性
3	表示两个因素相比，前者比后者稍重要
5	表示两个因素相比，前者比后者明显重要
7	表示两个因素相比，前者比后者强烈重要
9	表示两个因素相比，前者比后者极端重要
2，4，6，8	表示上述相邻判断的中间值
倒数	若因素 i 与因素 j 的重要性之比为 a_{ij}，那么因素 j 与因素 i 重要性之比为 $a_{ji}=\dfrac{1}{a_{ij}}$

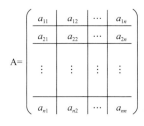

图 2-2 判断矩阵示意图

以 A 表示目标，a_i，$a_j (i,j=1,2,\cdots,n)$ 表示指标因素。a_{ij} 表示 a_i 对 a_j 的相对重要程度数值，判断矩阵如图 2-2 所示。

3. 权重系数的计算

根据两两比较矩阵 A，求出矩阵 A 最大特征值 λ_{max} 所对应的特征向量 ω，所求特征向量 ω 经归一化，即为各个指标的重要程度。具体表达式如下：

$$A\omega = \lambda_{max}\omega \qquad (2-1)$$

由 matlab 数学软件计算对称矩阵 A 的最大特征值 λ_{max} 对应的特征向量 ω：

$$\omega = (\omega_1, \omega_2, \cdots, \omega_n)^T \qquad (2-2)$$

把特征向量归一化即可得到 μ：

$$\mu = \left(\frac{\omega_1}{\omega_1 + \omega_2 + \cdots + \omega_n}, \frac{\omega_2}{\omega_1 + \omega_2 + \cdots + \omega_n}, \cdots, \frac{\omega_n}{\omega_1 + \omega_2 + \cdots + \omega_n} \right)^T \qquad (2-3)$$

μ 的列向量即为比较矩阵 A 的指标 a_1，a_2，$\cdots$，a_n 的权重系数。

4. 判断矩阵的一致性检验

判断矩阵的分值是由人为赋予的，必须通过一致性检验来验证判断矩阵的可靠性。检查判断矩阵的一致性程度，首先需要计算其一致性指标 $C.I.$，然后对照表 2-2 查找相应的平均随机一致性指标 $R.I.$，再计算出一致性比例 $C.R.$。当 $C.R. < 0.1$ 时，则认为判断矩阵的一致性是可以接受的[3-6]。

一致性指标计算公式：

$$C.I. = \frac{\lambda_{max} - n}{n - 1} (n \text{ 为判断矩阵阶数}) \qquad (2-4)$$

一致性比例计算公式：

$$C.R. = \frac{C.I.}{R.I.} \qquad (2-5)$$

平均随机一致性指标值   表 2-2

矩阵阶数	1	2	3	4	5	6	7	8	9	10
$R.I.$	0	0	0.52	0.89	1.12	1.26	1.36	1.41	1.46	1.49

2.2 灰色聚类分析法

灰色聚类是根据关联矩阵或灰数的白化权函数将一些观测指标或观测对象聚集成若干个可定义类别的方法。一个聚类可以看作是属于同一类观测对象的集合体。在实际问题中，每个观测对象往往具有许多个特征指标，因而难以进行准确的分类。

灰色聚类按聚类方法的不同，可分为灰色星座聚类、灰色关联聚类和灰类白化函数聚类等方法。灰色星座聚类是根据样本自身的属性，利用相似性原理定量地确定样本之间的关系，并按这种关系进行自然聚类。灰色关联聚类主要用于同类因素的归并，以使复杂系统得到简化。通过灰色关联聚类，可以分析出许多因素中是否有若干个因素关系十分密切，以便我们既能够用这些因素的综合平均指标或其中的某一个因素来代表这些因素，同时又使信息不受严重损失，从而使得在进行大面积调研之前，通过典型抽样数据的灰色关联聚类，减少不必要变量（因素）的收集，以节省成本和经费。灰类白化权函数聚类主要用于检查观测对象是否属于事先设定的不同类别，以便区别对待。从计算工作量来看，灰类白化函数要比灰色关联聚类和星座聚类复杂。本节简要介绍灰色关联聚类和灰类白化函数聚类（灰色变权聚类、灰色定权聚类）分析方法。

2.2.1　灰色关联聚类

灰色关联聚类实际上是利用灰色关联的基本原理计算各样本之间的关联度，根据关联度的大小来划分各样本的类型，其计算的原理和方法为：

现设有 m 个样本，每个样本有 n 个指标，并得到如下序列：

$$X_1 = (x_1(1), x_1(2), \cdots, x_1(n))$$
$$X_2 = (x_2(1), x_2(2), \cdots, x_2(n))$$
$$\cdots\cdots\cdots\cdots\cdots\cdots\cdots\cdots\cdots\cdots\cdots\cdots$$
$$X_m = (x_m(1), x_m(2), \cdots, x_m(n))$$

对所有的 $i \leqslant j$，i，$j = 1, 2, \cdots, m$，计算出 X_i 与 X_j 的绝对关联度 ε_{ij}，从而得到上三角矩阵 A。

$$A = \begin{bmatrix} \varepsilon_{11} & \varepsilon_{12} & \cdots & \varepsilon_{1m} \\ & \varepsilon_{22} & \cdots & \varepsilon_{2m} \\ & & \ddots & \vdots \\ & & & \varepsilon_{mm} \end{bmatrix}, \text{其中 } \varepsilon_{ii} = 1; i = 1, 2, \cdots, m$$

若取临界值 $r \in [0, 1]$，一般要求 $r > 0.5$，当 $\varepsilon_{ij} \geqslant r$ 时，则可将 X_i 与 X_j 视为同类特征。

r 可根据实际问题的需要来确定，若 r 越接近于 1，则分类越细，每一组中的变量相对地越少；若 r 越小，则分类越粗，这时每一组中的变量相对地越多。

2.2.2　灰色变权聚类

设有 n 个聚类对象，m 个聚类指标，s 个不同灰类，根据第 $i(i=1,2,\cdots,n)$ 对象关于 j $(j=1,2,\cdots,m)$ 指标的样本值 $x_{ij}(i=1,2,\cdots,n; j=1,2,\cdots,m)$ 将第 i 个对象归入第 $k(k \in \{1,2,\cdots,s\})$ 个灰类之中，称为灰色聚类。

现假设 j 指标 k 子类的白化权函数 $f_j^k(\cdot)$ 为图 2-3 所示的典型白化权函数，则称 $x_j^k(1)$，$x_j^k(2)$，$x_j^k(3)$，$x_j^k(4)$ 为 $f_j^k(\cdot)$ 的转折点。典型白化权函数记为：$f_j^k[x_j^k(1), x_j^k(2), x_j^k(3), x_j^k(4)]$。

若白化权函数 $f_j^k(\cdot)$ 无第一转折点 $x_j^k(1)$ 和第二个转折点 $x_j^k(2)$，即如图 2-4 所示，则称 $f_j^k(\cdot)$ 为下限测度白化权函数，记为 $f_j^k[-, -, x_j^k(3), x_j^k(4)]$。

若白化权函数 $f_j^k(\cdot)$ 的第二转折点 $x_j^k(2)$ 和第三个转折点 $x_j^k(3)$ 重合，即如图 2-5 所示，则称 $f_j^k(\cdot)$ 为适中测度白化权函数，记为 $f_j^k[x_j^k(1), x_j^k(2), -, x_j^k(4)]$。

若白化权函数 $f_j^k(\cdot)$ 无第三转折点 $x_j^k(3)$ 和第四个转折点 $x_j^k(4)$，即如图 2-6 所示，则称 $f_j^k(\cdot)$ 为上限测度白化权函数，记为 $f_j^k[x_j^k(1), x_j^k(2), -, -]$。

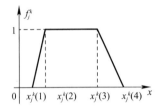

图 2-3 典型白化权函数

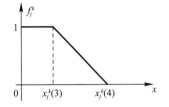

图 2-4 下限测度白化权函数

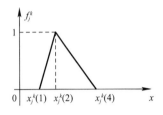

图 2-5 典型白化权函数

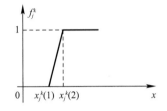

图 2-6 下限测度白化权函数

通过上述分析，可以得到不同情况下的白化权函数。

（1）对于图 2-3 所示的典型白化权函数，有

$$f_j^k(x) = \begin{cases} 0 & x \notin \left[x_j^k(1), x_j^k(4) \right] \\ \dfrac{x - x_j^k(1)}{x_j^k(2) - x_j^k(1)} & x \in \left[x_j^k(1), x_j^k(2) \right] \\ 1 & x \in \left[x_j^k(2), x_j^k(3) \right] \\ \dfrac{x_j^k(4) - x}{x_j^k(4) - x_j^k(3)} & x \in \left[x_j^k(3), x_j^k(4) \right] \end{cases} \tag{2-6}$$

（2）对于图 2-4 所示的下限测度白化权函数，有

$$f_j^k(x) = \begin{cases} 0 & x \notin \left[0, x_j^k(4) \right] \\ 1 & x \in \left[0, x_j^k(3) \right] \\ \dfrac{x_j^k(4) - x}{x_j^k(4) - x_j^k(3)} & x \in \left[x_j^k(3), x_j^k(4) \right] \end{cases} \tag{2-7}$$

（3）对于图 2-5 所示的适中测度白化权函数，有

$$f_j^k(x) = \begin{cases} 0 & x \notin \left[x_j^k(1), x_j^k(4) \right] \\ \dfrac{x - x_j^k(1)}{x_j^k(2) - x_j^k(1)} & x \in \left[x_j^k(1), x_j^k(2) \right] \\ \dfrac{x_j^k(4) - x}{x_j^k(4) - x_j^k(2)} & x \in \left[x_j^k(2), x_j^k(4) \right] \end{cases} \tag{2-8}$$

（4）对于图 2-6 所示的上限测度白化权函数，有

$$f_j^k(x) = \begin{cases} 0 & x < x_j^k(1) \\ \dfrac{x - x_j^k(1)}{x_j^k(2) - x_j^k(1)} & x \in \left[x_j^k(1), x_j^k(2) \right] \\ 1 & x \geqslant x_j^k(2) \end{cases} \tag{2-9}$$

对于图 2-3 所示的 j 指标 k 子类白化权函数，令 $\lambda_j^k = \dfrac{1}{2}(x_j^k(2) + x_j^k(3))$；

对于图 2-4 所示的 j 指标 k 子类白化权函数，令 $\lambda_j^k = x_j^k(3)$；

对于图 2-5 和图 2-6 所示的 j 指标 k 子类白化权函数，令 $\lambda_j^k = x_j^k(2)$；

λ_j^k 为 j 指标 k 子类临界值，称 $\eta_j^k = \dfrac{\lambda_j^k}{\sum\limits_{j=1}^m \lambda_j^k}$ 为 j 指标关于 k 子类的权重。

现设 x_{ij} 为对象 i 关于指标 j 的标本，$f_j^k(\cdot)$ 为 j 指标 k 子类白化权函数，η_j^k 为 j 指标关于 k 子类的权重，则称 $\sigma_i^k = \sum\limits_{j=1}^m f_j^k(x_{ij}) \times \eta_j^k$ 为对象 i 属于 k 灰类的灰色变权聚类系数，称

$$\sigma_i = (\sigma_i^1, \sigma_i^2, \cdots, \sigma_i^k) = \left(\sum_{j=1}^{m^\bullet} f_j^1(x_{ij}) \times \eta_j^1, \sum_{j=1}^m f_j^2(x_{ij}) \times \eta_j^2, \cdots, \sum_{j=1}^m f_j^s(x_{ij}) \times \eta_j^s \right)$$ 为对象 i 的聚类系数向量。

现设 $\sigma_i^{k^*} = \max\limits_{1 \leqslant k \leqslant s} \{\sigma_i^k\}$，则称对象 i 属于灰类 k^*。

灰色变权聚类适用于指标意义、量纲皆相同的情形。当聚类指标的意义、量纲不同且不同指标的样本值在数量上悬殊较大时，不宜采用灰色变权聚类。

2.2.3　灰色定权聚类

当聚类指标意义不同、量纲不同，且在数量上悬殊很大时，若采用灰色变权聚类可能导致某些指标参与聚类的作用十分微弱。解决这一问题有两种方法：一种方法是采用原始数据处理方法（如初值化或均值化）进行无量纲处理，然后进行聚类。这种方式对所有聚类指标都一视同仁，不能反映不同指标在聚类过程中作用的差异性。另一种方法就是对各聚类指标事先赋权重，赋予权重的方法有很多，一般采用层次分析法。此种事先赋予权重的聚类方法称之为灰色定权聚类。

灰色定权聚类可按下列步骤进行：

第一步：给出 j 指标 k 子类白化权函数 $f_j^k(\cdot)(j=1,2,\cdots,m; k=1,2,\cdots,s)$；

第二步：根据定性分析结论确定各指标的聚类权 $\eta_j(j=1,2,\cdots,m)$；

第三步：利用第一步和第二步得出的白化权函数 $f_j^k(\cdot)(j=1,2,\cdots,m; k=1,2,\cdots,s)$，聚类权 $\eta_j(j=1,2,\cdots,m)$ 以及对象 i 关于 j 指标的样本值 $x_{ij}(i=1,2,\cdots,n; j=1,2,\cdots,m)$ 计算出定权聚类系数 $\sigma_i^k = \sum\limits_{j=1}^m f_j^k(x_{ij}) \times \eta_j, i=1,2,\cdots,s$。

第四步：若 $\sigma_i^{k^*} = \max\limits_{1 \leqslant k \leqslant s} \{\sigma_i^k\}$，则断定对象 i 属于灰类 k^*。

2.3　关联矩阵法

2.3.1　关联矩阵法概述

关联矩阵法是常用的系统综合评价法，它主要是用矩阵形式来表示替代方案有关评价指标及其重要度与方案关于具体指标的价值评定量之间的关系（relational matrix analysis，简称 RMA）。关联矩阵法是一种操作相对简便、应用性较强的方法，其基本出发点是建立评价及分析的层次结构，将复杂问题分别按一定属性逐层分解为多目标、多层次的模型[7,8]，形成有序的递阶层次结构。其特点是：它使人们容易接受对复杂系统问题的评

价思维过程数学化，通过将多目标问题分解为两指标的重要度对比，使评价过程简化、清晰[9]。该方法是一种定量和定性相结合的方法，它可以从一个多目标的系统方案中，通过系统方案中的权重因子，综合评定每一方案的优劣程度，并以直观的数值方式显示出来[10]。根据不同的评价方案，采用矩阵的形式，确定评价权重因子及评价指标体系，然后对各系统方案计算出一个综合评价值，即各系统方案评价加权和。最终综合评价值最高的那个方案就是各系统方案中最优的替代方案。

2.3.2 关联矩阵法的分析步骤

1. 确定指标体系

评估内容指标化是定量评估的基本要求，评估指标体系在结构上应具有层次性。一般的评估量表由两至三个层次的指标构成：

1）指标模块，不同方案的评估量表的模块内容可以不一样，根据评估内容覆盖面的差异，指标模块也可以根据需要分成不同的模块。

2）一级指标，又称为指标项目。

3）二级指标，是由一级指标模块的进一步细分而得来的，有些复杂的量表还包括第三级指标。

2. 确定权重体系

在关联矩阵法指标体系中，每个指标对评价主体的重要程度是不一样的。这种重要程度的不同可以通过每个指标的权重值来体现，对评价主体影响较大的指标其权重值就高，反之则小[11]。这样不同的指标就对应了不同的权重系数，这些权重系数就组成了一个权重体系。

任何一组权重$\{W_i, i=1,2,\cdots,n\}$体系，必须满足下述两个条件：

1）$0 < W_i \leqslant 1, i=1,2,\cdots,n$。

2）其中n是权重指标的个数，$\sum_{i=1}^{n} W_i = 1$。

一级指标和二级指标权重的确定：

设某一评价的一级指标体系为$\{X_i, i=1,2,\cdots,n\}$，其对应的权重体系为$\{W_i, i=1, 2,\cdots,n\}$，则有

1）$0 < W_i \leqslant 1, i=1,2,\cdots,n$。

2）$\sum_{i=1}^{n} W_i = 1$。

若该评价的二级指标体系为$\{X_{ij}, i=1,2,\cdots,n; j=1,2,\cdots,m\}$，则其对应的权重体系为$\{W_{ij}, i=1,2,\cdots,n; j=1,2,\cdots,m\}$，则有

1）$0 < W_{ij} \leqslant 1$。

2）$\sum_{j=1}^{m} W_i = 1$。

3）$\sum_{i=1}^{n} \sum_{j=1}^{m} W_i W_{ij} = 1$。

对三、四级或更多级的指标可以类推。

3. 单项评价

在评价的指标体系和权重体系确定之后，通常进行单项评价，具有两种方法：

1）专家评定法：选定参加评定的专家，由专家打分，去掉最低分和最高分，取算术平均值。

2）德尔菲函询法：该方法同样通过专家打分的形式，与第一种方法不同的是，该方法要求有二至三轮的反馈、修正。即把第一轮的打分情况收集上来后，要进行第二轮、第三轮调查，调查表必须对第一轮调查的结果有所反映，可以用若干分数由专家打勾，也可以反馈第一轮的信息由他们重新确定。经过三轮打分后，最后通过综合分析，对比删改后可得最终结果。该方法不仅利用了专家的知识和长期积累的经验，又减轻了权威的影响。

2.4　神经网络

2.4.1　人工神经网络

1. 人工神经元模型

人工神经网络（Artificial Neural Network，ANN），简称为神经网络，是一种参照生物神经网络系统而建立的数据处理模型。神经网络由大量的人工神经元相互连接在一起，从而进行计算，主要通过调整各个神经元之间的权重值对输入的数据进行建模，最终使其具备解决问题的能力。

人工神经元模型就模拟生物神经元工作的基本原理而建立起来的。人工神经元模型如图 2-7 所示。在人工神经网络中最重要的概念是神经元节点与权值。图中 X 表示神经元节点，权值表示节点间的连接强度。神经网络的可塑性表现在：其连接权值是可调整的，节点通过权值连接，当权值调节到恰当值时，就能输出正确的结果。人工神经元包含了节点权重、阀值、传递函数以及输入输出值，用数学公式可表示为式（2-10）[12-15]。

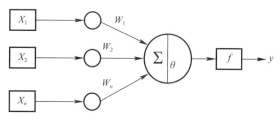

图 2-7　人工神经元模型

$$y = f(\sum_{i=1}^{n} X_i W_i - \theta) \tag{2-10}$$

图 2-7 中 $X = [X_1, X_2, \cdots, X_n]^T$ 表示其他 n 个神经元输入到该神经元的信号，为输入向量；$W = [W_1, W_2, \cdots, W_n]^T$ 表示其他 n 个神经元与该神经元 n 个突触的连接强度，为权值向量，其中每个权值有正有负，分别代表突触的兴奋状态和压抑状态；θ 为神经元阈值；如果 n 个神经元输入向量的加权和 $\sum_{i=1}^{n} X_i W_i$ 大于 θ，则该神经元被激活，输入向量的加权和又称为激活值；f 表示神经元输入和输出函数，也称作传输函数[16]。

神经元的膜电位总值及所发出的脉冲数，随激活值增大而增大，并且神经元产生的脉冲数是有限的，所以传输函数一般是单调递增且具有限值域的函数[17]。

2. 人工神经网络模型

人工神经网络是一个由大量神经元按照特定的连接方式而组成的非线性系统。人工神经网络利用数学方法的简化、抽象来模拟部分人脑的功能，是建立在现代神经科学、信息科学等研究成果的基础上，用来模拟人类的神经系统对信息进行处理、加工的系统。人工网络的功能有两个决定性因素：一是网络的拓扑结构，二是网络的学习方法。人工神经网络工作原理如图 2-8 所示。

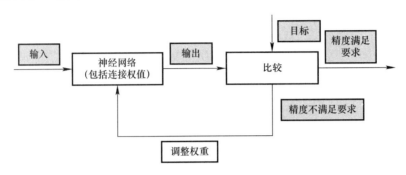

图 2-8　人工神经网络工作原理

输入的信息通过神经网络学习从而输出结果，输出结果与目标比较，若精度满足要求，则神经网络输出的结果满足要求。若精度不满足要求，则从输出层经过中间各层向前修正网络的连接权值，随着学习的不断进行，最终误差越来越小，直到误差满足精度的要求才输出最终的结果。

3. 人工神经网络的学习方法

神经网络可以根据环境变化不断学习，改变自身的权值。一般而言，将样本输入到神经网络中，其权值发生调整的过程是外界的行为；而学习指的是神经网络进行自适应调整的行为是网络自身的行为。神经网络的学习主要分为有监督学习和无监督学习。

1）有监督学习

有监督学习中的每一个训练样本都对应一个教师信号，教师信号代表了环境信息。网络将该教师信号作为期望输出，训练时计算实际输出与期望输出之间的误差，再根据误差的大小和方向对网络的权值进行调整。这样反复的调整，直到误差达到预期的精度为止，整个网络形成了一个循环的系统。误差可以使用各输出点的误差均方值来衡量，这样就建成了一个以网络权值为自变量、以最终误差性能为函数值的性能函数，网络的训练转化为求解函数最小点的问题。有监督的学习往往能有效地完成模式分类、函数拟合等功能。

2）无监督学习

在无监督学习中，网络只能接受一系列的输入样本，而对该样本应有的输出值一无所知。因此，网络能凭借各输入样本间的关系进行权值的调整，根据特定的神经网络结构和学习规则，使网络的输出反映神经网络某种自身固化的特征。例如，在自竞争网络中，相似的输入样本将会激活同一个输出神经元，从而实现样本聚类或联想记忆。由于无监督学习没有期望输出，因此无法用来逼近函数。

2.4.2　BP 神经网络基本方法

线性神经网络只能解决线性可分的问题，这是由单层网络的结构决定的。BP 神经网络是包含着多个隐含层，具备解决线性不可分问题的能力。BP 神经网络是前向神经网络的核心部分，也是整个人工神经网络的体系中最为精华的部分，广泛地应用于分类识别、逼近、回归压缩等领域。在实际应用中，大约 80% 的神经网络模型采取了 BP 网络及 BP 网络的变化形式。

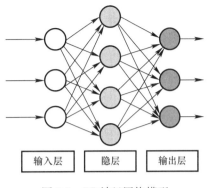

图 2-9　BP 神经网络模型

1. BP 神经网络的结构

BP 神经网络的隐含层可以为一层或者两层，BP 神经网络采用误差反向传播的算法，其模型如图 2-9 所示。

BP 神经网络的设计主要包括网络的层数、输入层节点数、隐含层节点数、输出层节点数及传输函数、训练参数的设置、训练方法等几个方面。

1）网络的层数

BP 神经网络可以包含一到多个隐含层。但是理论上已经证明，单个隐含层的网络可以适当地增加神经元节点的个数实现任意的非线性映射。因此，对于大部分情况单个隐含层即可满足要求。但如果样本较多，增加一个隐含层可以明显减少网络的规模。

2）输入层节点数

输入层用来表示网络的输入数据，输入层节点数取决于输入向量的维度，其处理单元数目依实际情况而定，使用线性传递函数即 $f(x)=x$。

3）隐含层节点数

隐含层用来表示输入单元间的相互作用，隐含层节点数对 BP 网络的性能有非常大的影响。一般来说，隐含层节点数较多时可以带来相对较好的性能，但是隐含层节点数过多会增加网络的计算量，导致训练时间过长，使网络的泛化能力变弱。目前并没有一个理想的解析式可以用来确定合理的神经元节点个数，通常是采用经验公式给出估计值。

隐含层单元数：

$$M \leqslant 2n+1 \qquad\qquad (2\text{-}11)$$

其中：n 为输入节点数。

4）输出层节点数

输出层用来表示网络的输出数据，输出层神经元的个数同样需要根据从实际问题中得到的抽象模型来确定，隐含层与输出层之间使用非线性传递函数。

5）传递函数的选择

输入层一般情况下使用线性传递函数，隐含层一般使用 Sigmoid 函数（S 型函数），输出层可以选择线性传递函数也可以选择非线性传递函数，使用线性传递函数输出范围是任意值，若采用 Sigmoid 函数，则输出值会被限制在（0，1）或（−1，1）之间。Sigmoid 函数包括对数 S 型函数和正切 S 型函数，如图 2-10、图 2-11 所示。

Sigmoid 函数是光滑、可微的函数，在分类的时比其他线性函数更精确。它将输入从负无穷到正无穷的范围映射到（−1，1）或（0，1）区间，具有非线性放大功能。在输出层，如果采用 Sigmoid 函数，将会把输出值限制在一个较小的范围。因此，BP 神经网络的典型设计是隐含层采用 Sigmoid 函数作为传递函数，输出层则采用线性函数作为传递函数。

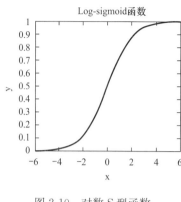

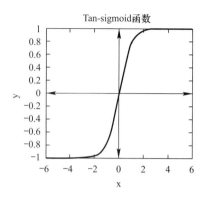

图 2-10　对数 S 型函数 　　　　　图 2-11　正切 S 型函数

6）训练方法的选择

BP 神经网络除了标准的最速下降法以外，还有若干种改进的训练算法。训练算法的选择与问题本身、训练样本等因素有关。对于包含数百个权值的函数逼近问题，使用 LM 算法收敛最快，均方差也较小。

2. BP 神经网络的学习算法

确定 BP 神经网络层数和每层的神经元个数后，还需要确定各层之间的权重系数才能根据输入给出正确的输出值。BP 神经网络学习属于有监督的学习，需要一组已知目标输出的学习样本。刚开始训练时权重值是随机的，输入学习样本得到网络输出。根据输出值和目标值得到误差，再由误差根据某种准则逐层修改权重值，使误差减小。如此反复，直到误差达到目标设置的范围，网络训练就完成了。BP 神经网络的实质是函数逼近问题，其目的在于降低实际输出和期望输出之间的差距。即用人工神经网络来拟合函数，找出输入数据、输出数据间的函数关系，从而得到输入数据的预测值。通过不断调节网络的权值，来达到预测值与目标值差值的最小化。常用的 BP 神经网络学习算法有最速下降 BP 法、动量 BP 法及学习率可变的 BP 算法三种算法[18]。

2.5　本章小结

本章简要介绍了几种评价方法，特别是通过对层次分析法、灰色聚类法和 BP 神经网络的原理及计算方法的介绍，为之后装配式钢结构建筑施工与安装技术评价体系中相关指标的权重系数计算及其上一级指标权重系数的预测提供了理论的支撑。

本章参考文献

［1］　Saaty T. L. The Analytics Hierarchy Process. New York：McGraw-Hill，1980

［2］　Stam A，Silva A P D. Onmultiplicative priority rating methods for the AHP［J］. European Journal of Operational Research，2003，145（1）：92-108.

［3］　张健，王晓新，蔡亮，苗建伟，孙喜峰. 建筑施工现场安全评价指标与权重值确立［J］. 沈阳建筑大学学报（自然科学版），2012，28（3）：487-488.

［4］　Tang Yucheng，Malcolm. Application and development of a fuzzy analytic hierarchy process within a capital investment study [J]. Journal of Economics and Management，2005，1（2）：207-230.

[5] Sajjad Zahir. Eliciting ratio preference for the analytic hierarchy process with visual interfaces：a new mode of preference measurement [J]. International Journal of Information Technology and Decision Making，2006，5（2）：245-261.

[6] Tritos L，Shameur R，Khammee S. Critical success factors of six-sigma implementation：an analytic hierarchy process based study [J]. International Journal of Innovation and Technology Management，2006，3（3）：303-319.

[7] 朱卫东. 面向互联网基于证据理论的智能决策支持系统研究 [D]. 合肥：合肥工业大学博士学位论文，2003.

[8] 郭显光. 一种新的综合评价方法—组合评价法 [J]. 统计研究，1995（5）：56-59.

[9] 武晓峰，闻星火. 高校实验室安全工作的分析与思考田 [J]. 实验室研究与探索，2012. 31（8）：81-84

[10] Amer-Yahia S，Srivastava D，Dan S. Distribute devaluation of network directory queries [J]. IEEE Transations on Knowledge and Data Engineering，2004，16（4）：474-486.

[11] 严广乐，张宁，刘媛华. 系统工程 [M]. 北京：机械工业出版社 2008.

[12] 王德明，王莉，张广明. 基于遗传 BP 神经网络的短期风速预测模型 [J]. 浙江大学学报，2012，46（5）：838-841.

[13] 蒋毅. 建筑能耗的统计平台及其基于 BP 神经网络预测方法的研究 [D]. 广州：华南理工大学硕士学位论文，2012.

[14] 唐正娟. 建筑施工现场安全评价研究 [D]. 西安：西安建筑科技大学硕士学位论文，2010.

[15] Lu M，AbouRizk S M. Sensitivity analysis of neural networks in spool fabrication productivity studie [J]. Journal of Computing in Civil Engineering. 2001（4）：299～308.

[16] Vladan Babovie. Neural network as routing for error numerical models [J]. Journal of hydraulic engineering，2001（3）：181-193.

[17] 何颖. 人工神经网络在建筑工程施工质量管理中的应用研究 [D]. 南京理工大学硕士学位论文，南京：南京理工大学，2010.

[18] 陈明. 神经网络原理与实例精解 [M]. 北京：清华大学出版社，2013.

第3章 装配式钢结构建筑施工与安装技术评价体系分析

3.1 评价的内涵

3.1.1 技术评价含义

评价体系即评价指标体系，是指由表征评价对象各方面特性及其相互联系的多个指标所构成的具有内在结构的一个整体。对各个指标赋予量化的数字评分，最终得到一个评价分数以便直观地对评价对象有所了解。

技术评价方法产生的背景，即技术评价（Technology Assessment，缩写 TA）一词，是 1966 年由美国科学技术委员会首先提出[1]。1972 年美国通过立法建立了国会技术评估办公室，随后在美国国家科学院工学院以及联邦政府的一些机构和私营企业也都建立了相应机构[2]。技术评价，也可以称技术评估，就是针对某一技术进行评价，着重评价一项技术应用后带来的各个方面潜在的、间接的影响。然而，各国研究学者对于技术评价的认识有所不同，对其定义也有一定区别，其中有代表性意义的定义有：

美国前议员艾米里奥的定义是技术评价是通过分析过程，为决策者提供决策意见的一种注重研究分析的评价模式。技术评价的核心目标在于通过技术评价针对评价目标的分析，提出评价目标内在的影响因素，并能有效的分析出各个因素的影响程度，从而得出一个较为合理的评价结果。技术评价并不是只针对完成的产品或者从已完成的事务开始进行，而应该从产品的筹划设计或者事务的提出开始，应包括事务发展的起因、过程、结果等一系列由该事物的发生引起的各方面的影响以及事务完成后带来的后果，是全过程的分析。理想情况下，技术评价应该能够通过对事物发展的各个阶段的分析，预测评价对象的发展趋势，能够分析出事物发展的不利因素，从而为决策者提供参考意见[3]。

美国技术评价办公室是较早开展技术评价工作的政府机构，其对技术评价的理解主要注重技术应用后产生的结果和带来的各方面的影响，技术评价工作应该是在不利的问题出现前尽可能的分析出可能出现的问题，从而为决策者提供改进方案和决策意见[3]。

而美国国会的相关机构对于技术评价的理解则是，技术评价的目的不在于评价对象的评价结果，而在于通过评价过程监控事务发展过程的变化，不仅应该考虑技术的应用对周围区域的短期影响，还应注重技术应用后对于社会的长期影响、例如环境的危害、整个相关产业经济效益的长期影响等[3]。

美国学者科茨总结了其国内各种对技术评价的理解，将技术评价观点总结为：技术评价是通过全面的、系统的针对评价目标的技术性能、社会效益、经济效益等方面的分析，得到其可能的优点和不足，从而为决策者提供相对明确的决策意见的一个过程[3]。

日本科学技术厅对于技术评价的解释为：技术评价应该是一个综合评价的过程，不仅应该包括评价对象应用产生的直接影响，还应有其对社会效益的评价以及对潜在的、可能发生的问题的分析，并且能够通过技术评价的分析将评价对象的发展控制在决策者希望其发展或者认为正确的发展道路上。

加拿大科学院相关学者对技术评价具体评价内容的理解为：技术评价的内容应该是评价对象给社会效益、经济效益和政治效益等方面带来的直接的、间接的、当下的、长远的影响和引起的变化，而且应该能够系统分析其带来影响的一项工作。所得到的信息或者结构化的结果用于为使用这项技术以及决策者深化或者修改这一评价对象[4]。

清华大学仝允桓教授课题组在研究关于公共决策技术评价时给出的技术评价的理解为：技术评价并不是简单的一项工作，而应将其看做一项针对评价对象的全面研究，评价的内容应该是技术从开发设计、实施应用到应用后带来的包括社会效益、经济影响、环境影响、文化影响等各个方面的分析研究，同时评价的参与者，也不应仅仅是技术的直接受益者，也应包括公众在技术应用后对其产生相对影响的群体，广泛采纳各方意见，从而发觉评价对象潜在的、不可预期的后果和影响，同时应该通过分析过程提出评价中出现不利因素及其相应的解决方案，将问题引向决策者期望的发展方向，为决策者提供科学的、全面的并有一定针对性的参考[5-8]。

德国的技术哲学家拉普将技术评价的用途分类成三种。第一种是作为政客的政治工具，通过技术评价得到对于自己有力的支持从而获得公正的支持和信任。第二种是通过技术评价为评价目标的相关决策者提供建议的工具，这种技术评价目的不是注意评价的结果，而是通过技术评价过程向决策者提供全面的评价目标的相关信息，预测评价目标的发展趋势。第三种是相对于第二种技术评价更注重结果的评价，即通过技术评价工作得出相应的评价目标的结果。对于这三种分类，技术评价的过程并无太大的区别，均是从全面的、系统的分析评价目标的影响因素开始，通过分析影响因素预测评价目标未来发展趋势及可能出现的问题，有时决策者需要的是明确的结论，有时决策者更看重的是分析的过程。还有时把技术评价认为是推动技术发展创新的战略，还有时技术评价被认为是做关于技术的一些判断[9]。

技术评价是围绕着评价目标建立的关于其影响因素的集合，各个因素之间相互独立，但又都是与评价目标关联度很高的分项，综合反映评价目标的一个有着内在联系的整体。技术评价的对象不单是科学技术，与人类生活、社会活动等有关的各个方面都可以是技术评价的对象[10]。总之，对技术评价的定义和目的虽然有许多种表述，但整个技术评价的过程和手段大体是一致的，即通过全面系统的理论和分析评价目标实施所带来的各个方面的有利和不利影响，预测其发展方向，提出不利影响较大的因素，从而提出控制手段。

3.1.2　建筑施工技术评价含义

对于建筑工程施工技术的评价，首先关注的是工程质量，工程质量是关系到人民生命财产重中之重，甚至关系到国家财产安全，是社会和人民关注的焦点。在工程质量控制与管理方面，施工阶段则是质量控制的关键阶段，设计完成后，施工阶段的控制直接关系到建筑产品的质量，设计阶段更多地关系到产品的外观，适用性等，而施工阶段不仅是工程设计形成实体的关键，更是整个建筑产品最重要的阶段。施工阶段从质量控制的角度基本分为三个方面，即投入资源、施工过程和产品检验三个方面。从这三个方面出发，众多关于施工质量控制的理论将施工阶段的管理分为三个部分，即事前管理、事中管理及事后管理。事前管理指在施工单位机械设备进入施工场地前，对各项施工涉及的准备工作以及可能影响施工开展及进行的各种因素的管理与控制，是质量保证的先决条件；事中管理，是对所投入的生产资料的控制，即工程造价中常提到的人、材、机三个方面，同时还有对施工作业的技术和施工状态的控制，施工阶段的事中管理是整个施工质量控制的关键所在；事后管理，是指对形成的具有独立功能和使用价值的建筑工程最终产品及有关方面的质量进行管理，主要是对完成的工程进行质量检验，一般称此阶段为竣工验收，竣工验收一般是由建设单位向质量监督部门提出，由质量监督部门在建设单位、施工单位以及监理单位同时在场的情况下对完成工程进行质量检验的过程。

建筑工程的质量优劣关乎着使用者的生命财产安全，即工程的质量是工程使用者安全的保证，而施工阶段施工人员的安全保障也是不容忽视的问题，国家及各地方建筑工程质量监督部门对于工程施工安全也十分重视，但建筑工程由于其自身的特点，不能像工厂生产产品一样全程监控各个部分的施工，而且施工现场临时设施较多，工作面交错复杂，难免出现现场混乱的情况以及交接的疏忽，造成施工安全事故频发，这也表明了建立关于施工安全评价的必要性。

目前，我们对建筑施工项目安全性评价的标准是采用建设部 2011 年颁布实施的建筑施工安全检查评分标准。标准中将安全评价划分为 10 个部分包括安全管理、文明施工、脚手架、基坑工程、模板支架、高处作业、施工用电、物料提升与施工升降机、起重吊装和施工机具，标准采用扣分制度进行评分，建筑施工安全检查标准的实施为推动建筑施工安全控制和保障提供了巨大的前进动力。此部分的安全评价，是针对施工生产过程的安全评价，也是影响施工成果的重要因素，所以笔者认为安全评价与质量评价是并列平行的关系，安全和质量是体现施工整体水平的重要因素，满足质量要求的同时，安全更能体现施工团队整体的水平，建立安全评价体系，也应该考虑施工团队的水平，即不仅应包括企业安全管理措施方法，也应考虑团队成员的安全素质，同时对于周围环境的保护措施也应包含在内。

在保证质量、安全等基本要求的前提下，通过科学管理和技术进步，最大限度地节约资源并减少对环境负面影响的施工活动，实现节能、节地、节水、节材和环境保护（"四节一环保"），是实现建筑领域资源节约和节能减排的关键环节。据统计，人类从自然界所获得的一半以上的物质原料均用来建造各类建筑及其附属设备。这些建筑在建造和使用过程中又消耗了全球近一半的能量；与建筑有关的空气污染、光污染、电磁污染等占环境总体污染的近三分之一；建筑垃圾占人类活动产生垃圾总量的四成[11]。2012 年全球商品水泥产量约 39 亿 t，其中中国产量 21 亿 t，约占总产量的 55%，生产商品混凝土及水泥制品约 8.9 亿 m³[12]。据欧洲水泥协会的数据显示，2013 年，全球水泥产量合计达到 40 亿 t。其中中国水泥产量为 24.2 亿 t，占到全球总产量的 58.6%[13]。根据国家统计局公布的数据显示，2014 年 12 月份水泥产量 20401 万 t，同比下降 1.4%；2014 年 1～12 月份全国规模以上水泥产量 247619 万 t，全年累计水泥产量增长为 1.8%，是 1991 年以来增长速度最低的一年。在当前我国投资正处于震荡调整阶段，经济增长进入变轨期，表明我国水泥需求已经进入低速增长期的新常态。2015 年 1～12 月份全国规模以上水泥产量 23.48 亿 t，同比增速下降 4.9%，跌幅较 1～11 月收窄 0.2 个百分点。其中，2015 年 12 月份水泥产量 1.98 亿 t，同比下降 3.7%，跌幅较上月收窄 2.9 个百分点。2016 年全年水泥产量累计 24 亿 t，累计同比增长 2.5%[14]。由此可以看出，中国的建筑工程占世界总量的比例较大，但相比国际先进施工工艺，还有一定的差距，在我国开展装配式施工和绿色施工工艺是至关重要的。

传统建筑施工中施工效率较低、能源消耗多，并且对周围环境造成很大的影响，这不仅使传统施工工期成本等造成浪费，同时对施工人员身体健康甚至生命安全也造成了不利。随着可持续发展观点的提出，工程领域的可持续发展也成了人们关注的问题之一，绿色施工正是其中一个不能忽视的重点。为此，国家在 2006 年颁布标准绿色建筑评价标准、2007 年发布了《绿色施工导则》，后又颁布了《建筑工程绿色施工评价标准》GB/T 50640—2010 以促进绿色施工的发展，同时各地方的相关部门也陆续出台了相应的绿色施工准则，可见社会对绿色施工的重视程度。

《建筑工程绿色施工评价标准》中定义的绿色施工强调全寿命周期这个关键词，即绿色施工不仅仅只在施工阶段有所体现，而是从设计阶段就融入绿色施工的理念，包括施工组织设计、施工准备以及施工后的设备维修、施工场地恢复等阶段，其并不是完全废止传统的施工技术流程而独立存在的，而是对传统施工技术从可持续的角度进行改进或改良，使建筑施工符合未来发展理念。绿色施工不仅仅是指节水、节电等施工措施，它是一项系统工程，是从施工准备阶段到竣工验收以及后期的保修维护的一个整体，可以大致分为绿色施工管理和绿色施工技术两方面，绿色施工管理主要包括组织管理、规划管理、实施管理、评价管理和人员安全与健康管理等方面，绿色施工技术主要包括扬尘、噪声等污染控制，能源消耗控制和材料资源有效利用等。合理的绿色施工管理和技术不仅对环境保护及资源节约做出贡献，同时也能有效地节约施工成本，树立良好的形象，对现场施工人员的健康安全也有重要意义。

3.2　评价体系结构分析

3.2.1　评价依据

装配式钢结构建筑施工与安装技术评价，主要应从技术、经济、环境等方面着手，其依据主要应有普通依据及法规依据两类。

（1）普通依据

普通依据是指适用于装配式钢结构建筑施工与安装技术、与建筑工程评价有关的、通用的、具有普遍指导意义和必须遵守的基本条件，其主要内容应有：

1）建筑工程施工质量评价标准；

2）建筑工程施工主要根据设计文件进行，设计图纸是评价具体工程最主要的根据，同时一些施工行业标准、施工工艺标准也是参考依据之一；

3）国家、政府、施工质量监督管理部门颁布的全国性或者地方性的钢结构施工质量验收规范以及与钢结构建筑施工有关的法律和法规性文件。

（2）技术法规依据

技术法规依据是指针对不同行业，不同管理控制对象而建立的专门性的技术法规文件，通常包括规范、规程、标准等，其主要内容包括：

1）有关钢结构建筑使用的建筑材料、构部件设计以及构配件质量方面的专业技术法规性文件；

2）有关施工验收、施工技术标准的法规；

3）有关工程建设项目施工阶段包括质量、安全、绿色施工等各个方面的验收规范、评价标准等。

3.2.2　评价原则

评价指标体系是否科学、合理直接关系到评价体系的可靠性和可信度。指标体系必须能科学地、客观地、合理地、尽可能全面而又不失简洁地反映评价的各方面成果。因此，在构建评价指标体系时必须遵照以下的原则进行：

（1）简明性原则：指标体系应在科学分析的基础上建立，能够如实、客观的反映评价对象的构成，并且指标应适当简化，方便操作。

（2）整体性原则：构建的指标体系应全面地反映施工技术应用所带来的各个方面的影响，不仅是工程质量、安全方面，还应包括对社会效益因素的影响，确立的指标应相互独立，共同构成一个有机整体。

（3）可比可量原则：评价工程施工技术，确立的指标难免出现不同量纲情况，在处理指标时应考虑不同量纲的无量纲化处理，统一评价标准，保证指标的可比性，定量指标可以直接量化，定性指标可以间接赋值量化，易于计算。

（4）动态导向性原则：确立的指标应能反映评价目标内部的不足或者发展趋势，从而可引导相关政策改革。

（5）结构层次性原则：构建的指标应该具有一定的层次性，应包括评价目标，目标分解层及影响因素指标层等。

（6）有效性原则：构建的指标应对评价目标具有一定的针对性，与评价目标相符。

评价指标的选择和确定：

一个评价对象包括的影响因素很多，而指标的确立应是一个从简去繁的过程，将反映结果或者变化趋势相近的指标合成一个指标是指标确立的必要过程，而为使通过简化确立的指标不失全面性，应该在确立指标前，优先给出确立指标的原则，即：

（1）科学性原则。科学性是制定评价指标的最基本的原则。指标的选取和确定既要能揭示装配式钢结构建筑施工与安装的特点，又要能反映出其内在要求。因此，指标要有较强的代表性，能直接用于评价装配式钢结构建筑施工与安装技术的水平，且定量指标值的确定要建立在数据收集和分析的基础之上，并且有简单易行的方法对数据的质量进行验证。

（2）独立性。指标应相对独立，过多的关联性指标会造成重复评价，使评价过程复杂化，增加评价成本，降低评价效率，不利于认证的实施和推广。

（3）可比性。对不同评价对象的评价结果应具备一定的可比性。

（4）可量化。可量化的指标应是比较直观合理的。

（5）便于理解和可操作性强。指标应重点突出，易于被大众接受和理解，才可起到通过认证对装配式钢结构施工与安装进行引导的作用，同时指标的验证和评价应易于操作，简明扼要，有较大的信息容量，从而易于分析运算，以利于认证的实施和推广。

3.2.3　评价主体和内容

评价主体是指主导评价活动的人与团体。对于同一个评价对象，评价的主体并不是唯一的。评价的主体不同，其所对应的目的、标准、原则也不会是唯一的。在工程领域，评价主体并不完全等同于建设工程评价的实施主体，也就是说评价工作未必一定是有评价对象的参与者进行，评价的实施主体更多的是政府监督部门，也有可能是由政府委托的独立机构或者专家团体进行，但无论评价实施主体是谁，建筑工程评价服务的主要对象都是政府监督机构，建设工程评价的目标和原则不会因具体实施评价的主体而有所改变。

技术评价的内容，目前为止国内外有很多相关观点，吉林大学的沈莹认为技术评价从技术可行和经济效益两方面展开是远远不够的，应该从技术层面，经济效果，社会效果，资源环境效益等层面全面的分析[15]；赵庆先认为技术评价应从技术性能、财务指标、国民经济、社会效益、生态环境以及针对不同类型技术的专项评价等方面展开[16]；重庆大学陈良美提出技术评价必须在以经济效益、社会效益、安全性为主导原则的同时考虑对建筑、社会环境的影响[17]。早年颁布的科学技术评价办法中也提到对于技术评价应该从技术的内在属性和外在属性两方面分析评价，主要应包括技术的成熟性、适用性、安全性、经济效益、社会效益等。针对装配式钢结构建筑施工与安装技术的评价目前国家还没有相应的具体标准，评价工作亦没有刻意依据的具体标准，但在钢结构施工规范以及钢结构设计规范的总则中都提到了国家对钢结构建筑的相关政策主要从安全、质量、先进性、经济性等方面考虑。建设部科技司颁布的建设部科技成果评估暂行办法中，提到了关于建筑技术评价的轮廓性、原则性的规定：水平评估应着重考虑新颖性、先进性、成熟性、适用性、经济效益等方面。

故此，综合文献中的意见，针对装配式钢结构建筑施工与安装技术的评价应该是全面评价，评价的重点在于施工技术所带来的各方面的影响，不仅包括工程质量和安全，同时也应包括经济效益、社会效益。

3.3　评价体系空间维度分析

从工程使用者方面考虑，参与评价的人员不仅应有工程竣工验收完毕，交付后的房屋使用者，也应包括在施工过程中使用未完成的建筑工程的施工人员。

对于竣工验收交付后的房屋使用者，房屋的所在地、户型、配套设施等都是所要考虑的重要因素，但从施工技术对建筑使用者的影响方面考虑，工程质量是两者产生因果关系的重点，对于使用者而言，建筑施工质量可能更多的体现在装饰装修、防水工程等方面，而单论工程质量，使用者更关注的是一些观感上比较容易注意的部分，如围护结构裂缝、屋面工程等。

建筑使用者所关注的评价内容，可以归类为工程质量，或者说可以用工程质量来概括这些内容，而在工程竣工前，施工过程中，建筑的使用者也就是施工人员所关注或者应该注意的评价内容。笔者认为更多的应该归类为施工安全，例如施工脚手架的设置、安装及使用就是施工安全重点之一。再比如施工高处作业，由于施工人员的疏忽造成的危险也不在少数，在高层建筑施工中高空坠物误伤也是时有发生，所以在施工过程中，安全性也是评价的重点。除了以上提到的脚手架和高空作业，安全性评价也应包括建筑施工通常所涉及的方面，如模板工程、基坑作业、施工用电、升降设备、起重吊装等。

而从工程开发者的角度考虑，利润永远是商人首先考虑的因素，所以经济性是从开发商角度评价工程所看重的因素，从地产开发的角度，房屋的经济性主要体现在成本和工期两个方面。

建筑工程成本分为直接、间接两方面。直接成本由人工费、材料费、机械使用费和其他直接费组成。间接成本是指直接从事施工的单位为组织管理在施工过程中所发生的各项支出，包括施工单位管理人员的工资、奖金、津贴、职工福利费、行政管理费、固定资产折旧及修理费、物资消耗、低值易耗品摊销、管理用的水电费、办公费、差旅费、检验费、工程保修费、劳动保护费及其他费用。

从开发者角度考虑，工程成本主要从资源控制和时间优化入手，工程经济学中常提到的投资回收期也是开发者成本控制的重点，投资回收期是指从工程规划设计投入资金开始直至工程投入使用投入的成本全部收回所用的时间。标准投资回收期是国家根据行业或部门的技术经济特点规定的反映平均先进水平的投资回收期。追加投资回收期指用追加资金回流量包括追加利税和追加固定资产折旧两项。应用到建筑工程中，投资回收期是指从项目的投建之日起，用项目所得的净收益偿还原始投资所需要的时间。对于小型工程，一般用总投资除以净收益从而得出所谓的投资回收期，这种方法称为静态投资回收期计算。而对于大中型工程，则要考虑基准利率造成的影响，此时一般用动态投资回收期考虑，动态回收期是把投资项目各年的净现金流量按基准收益率折成现值之后，再来推算投资回收期，这就是它与静态投资回收期的根本区别。动态投资回收期就是净现金流量累计现值等于零时的年份。在成本控制方面，主要应从工程造价中所指的人、材、机，即人工、材料、机械的配置和投入上进行控制，如优化施工方案、优化现场管理等，除此之外，施工中的索赔问题也是开发者控制施工成本的一个途径，有效的索赔控制及规避，也可对工程开发的成本控制做出贡献。另外，工期控制，不仅是开发者关注的重点，同时也是承建者控制的重点，采用合理的工期控制措施对于承发包双方都是有利益的。

从工程监督者的角度考虑，建筑工程的优劣，不仅要包括高质量、经济性、安全这些因素，更应该顾及社会的发展趋势，国家的相关政策影响等。在自然资源消耗日益增大，而不可再生资源锐减的大环境下，通过科学管理和技术进步，最大限度地节约资源并减少对环境负面影响的施工活动，实现"四节一环保"是国家未来发展主导趋势，同时不可再生资源的开发与利用，也应是今后建筑行业的开发方向。另一方面，建筑工程对建筑产业的带动作用也应是工程监督者关注的因素。

综上所述，从横向看，评价体系所涉及的评价内容不仅应包括工程质量、经济性、安全性，也应考虑绿色环保以及工程技术对整个产业甚至社会的发展起到的带动作用，具体框架如图 3-1 所示。

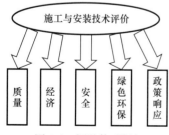

图 3-1　评价体系框架

　　从纵向看来，施工与安装技术评价所应包含的不仅应该有定性的指标，也有定量的指标，国家对工程质量控制的规范相对健全，所以这些定量的指标也主要来自质量控制和经济措施，通过上述分析可以总结出在评价体系纵向所需详细展开的三个方向：质量、经济、安全。

　　在理论分析评价体系结构的同时，笔者也对相似或者类似领域的评价体系以及相似的理论进行了总结，如法国的技术评价，环境效益是重要且必需的评价因素，法国技术评价体系维度，具体如图 3-2 所示[17]。

　　广州大学张季超也将评价体系结构分为类似的形式，由于是特殊工程施工技术评价，还将技术性能单独列为评价维度之一[18]。由建筑防水材料及应用技术评价的研究课题组提出的建筑防水材料应用技术评价指标体系，结合上述的理论，将研究内容划分为质量、应用及环保三个方向并进行细化[19]。

　　长安大学徐岳提出评价工程应结合其工程特点，评价内容应包括技术性评价、效益性评价、持续性评价、影响性评价等，技术性评价包括技术可行性、经济合理性、方案适用性等预期要求及安全性、耐久性和适用性等方面。效益性评价主要采用影子价格、影子汇率、影子工资以及社会折现率等参数对加固工程实际产生的社会经济总收益情况进行分析评价，影响性评价就是对经济、社会、文化及自然环境等方面所产生的影响及作用进行评价，持续性评价就是各项效果能否继续保持下去进行评价[20]。

　　另外，钢结构建筑是在我国未来发展建设中仍有很大发展空间的工业化建筑。所谓工业化建筑，是将建筑生产各个阶段的各种生产要素通过技术手段集成整合成一套符合相关标准的流水式技术或者方式，达到构配件生产工厂化、施工装配化的有序的流水作业，从而提高房屋质量和生产效率。从施工角度看，建筑工业化主要体现在施工装配化、施工技术标准化方面。

　　综上所述，可以看出目前的技术评价体系主要是从技术创新、经济效益、社会效益、持续性四个方面考虑并有所展开，同时针对不同类型的项目，增减或者强调某一个方面的评价内容。对于装配式钢结构建筑施工与安装技术评价，应从技术性、经济性、可持续性、政策效应评价入手，主要针对施工技术进行评价，同时考虑建筑工业化的特点，将主要评价内容的技术性分为装配式、标准化、安全性等方面，其评价维度如图 3-3 所示。

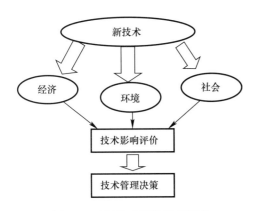

图 3-2　法国技术评价维度框架

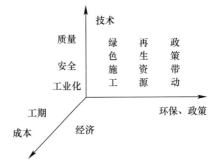

图 3-3　装配式钢结构建筑施工
与安装技术评价的维度

3.4 评价等级及含义

参考《建筑工程施工质量评价标准》GB/T 50375—2006 的基本评分方法，可以将装配式钢结构建筑施工与安装技术评价等级分为优、良、一般及合格四档，其具体含义见表 3-1 所列。

装配式钢结构建筑施工与安装技术评价等级 表 3-1

评价等级	含义
优	施工与安装技术具有工业化程度高、工程品质优秀、建造过程中资源配置少、能源资源消耗小、对环境影响很小，对相关产业具有较强的带动作用
良	施工与安装技术具有工业化程度较高、工程品质良好、建造过程中资源配置比较合理、能源资源消耗较小、对环境影响较小，对相关产业具有一定的带动作用
一般	施工与安装技术具有工业化程度一般、建造过程中资源配置多、能源资源消耗小、对生态环境有较小的负面影响，对相关产业不具有带动作用
合格	施工与安装技术具有工业化程度不高、建造过程中资源配置多、能源资源消耗较大、对环境影响有一定的负面影响，技术无创新，但优于传统施工，有较大的改进空间

3.5 本章小结

本章论述了装配式钢结构建筑施工与安装技术评价的内涵，尤其是建筑施工技术评价的含义，对装配式钢结构建筑施工与安装技术评价体系进行了结构分析，确定了评价依据和原则，阐述了评价主体和内容，建立了以技术、经济、可持续及产业政策效应四个空间维度为主的评价体系框架，同时结合相关规范，提出了装配式钢结构建筑施工与安装技术评价的等级及含义。

本章参考文献

[1] 顾培亮. 技术评价方法的介绍 [J]. 科学学与科学技术管理，1987，(3)：33-34.

[2] 郑士贵. 美国国会技术评估管理局 [J]. 管理科学文摘，1997 (10)：18.

[3] Vary Coates. On the Future of Technological Forecasting [J]. Technological Forecasting & Social Change，2001，67：1-17.

[4] 陈云卿. 加拿大研究开发质量的评价 [J]. 管理科学文摘，1997 (9)：19.

[5] 仝允桓. 科技评价理论与方法的体系结构 [J]. 科技成果纵横，2003 (5)：18-20.

[6] 谈毅，仝允桓. 公众参与技术评价的意义和政治影响分析 [J]. 科学学研究，2004，4：371-375.

[7] 谈毅，仝允桓. 公众参与技术评价的目标、特点和意义分析 [J]. 人文杂志，2004，5：96-102.

[8] 仝允桓，谈毅，饶祖海. 面向公共决策技术评价：一种新的政策分析模式 [C]. 中国科技论坛，2004，9：116-119.

[9] 徐祥云. 拉普及其技术思想 [J]. 科学学研究，1989，7 (4)：97-105.

［10］ 陈衍泰，陈国宏，李美娟. 综合评价方法分类及研究进展［J］. 管理科学学报，2004，4：69-75.

［11］ 王玉. 工业化预制装配建筑的全生命周期碳排放周期［D］. 南京：东南大学博士学位论文，2016.

［12］ 李杰. 绿色施工现状与发展［J］. 工程建设标准化，2016，4：322.

［13］ 中国混凝土与水泥制品网. 中国水泥网信息中心整理.

［14］ 中国混凝土与水泥制品网. 国家统计局.

［15］ 沈滢. 现代技术评价理论与方法研究［D］. 长春：吉林大学博士学位论文 2007，13-18.

［16］ 赵庆先. 技术评价方法及其有效性研究［D］. 北京：北京交通大学硕士学位论文. 2005：17-19.

［17］ 陈良美. 建筑新技术评价模式及指标体系设计研究［D］. 重庆：重庆大学硕士学位论文. 2005：10-15.

［18］ 张季超. 城市地下空间示范工程技术评价研究［J］. 广州大学学报. 2010. 9（6）：32-37.

［19］ 建筑防水材料及应用技术评价的研究课题组. 建筑防水材料及应用技术评价的研究［J］. 中国建筑防水. 2010. 增刊 1：27-36.

［20］ 徐岳. 桥梁加固后评价方法研究［J］. 公路交通科技，2006，23（4）：91-94.

第 4 章　基于层次分析法的技术评价指标体系的构建

结合现阶段国内建设工程施工阶段的质量管理规范、质量验收规范及钢结构建筑施工的技术特点，经过多次讨论及对多种相似工程技术评价的分析，并在对长期从事现场施工管理工作的有关人员进行问卷调查的基础上，根据建筑工程施工质量评价标准、灰色聚类评估方法、层次分析法、统计学等相关原理，构建了一个由施工与安装技术评价目标、评价因素和具体评价指标构成的装配式钢结构建筑施工与安装技术评价体系，其中评价指标体系共分为：目标层、准则层和指标层三个层次。

4.1　目标层的构建

对装配式钢结构建筑施工与安装技术的评价实质上是针对工业化建造过程中应用新技术的事中、事后所产生的效应，考虑建筑工程参与各方所关注的内容进行评价，故此评价目标亦为此。目标层为装配式钢结构建筑施工与安装技术评价的综合效益，所建立的评价指标体系主要反映的是应用技术所产生的装配式钢结构建筑质量、安全、经济、环保等方面是否能够达到工程参与各方的要求。

4.2　准则层的构建

准则层由影响装配式钢结构建筑施工与安装技术评价的主要因素构成，不同因素对于技术的综合效益的贡献或影响不尽相同，因此，需要对指标的重要程度，即指标的权重值进行分析计算。准则层也可称为一级指标层。

通过对评价体系结构的分析，考虑参与工程的开发、施工、监督各方关注的重点，并参考相似评价体系结构确定评价体系的准则层，主要包括技术性能指标、经济性能指标、绿色可持续性指标及产业政策效应四个方面内容。

4.3　指标层的构建

4.3.1　技术性能指标

1. 指标的初选

由于装配式钢结构建筑的主要构件是在工厂制作完成，准确度和精密度都很高，基本实现了构件生产的标准化。从工业化建筑角度考虑，标准化应更加关注构（部）件自身的标准化和连接构造的标准化。在装配式钢结构建筑施工阶段，构件运至施工现场以后需要经过机械化安装才能满足预定功能要求，因此装配式钢结构建筑在此阶段最突出的特点是施工装配化。构件预制化率、部品装配率和施工的机械化程度是两个重要指标。此外，由于施工阶段既是影响工程质量的关键阶段，同时也是安全事故发生频率较高的阶段，故此，在此阶段科学的管理不仅能简化施工程序，提高效率，而且能够节省人力、物力，降低成本。因此，质量控制、安全控制以及组织管理科学化程度等也是施工技术评价的重要指标。对于装配式钢结构建筑施工与安装技术的质量控制，主要从原材料及成品质量控制、焊接工程质量控制、紧固件连接工程质量控制、钢零件及钢部件加工工程质量控制、钢构件组装工程质量控制、钢构件预拼装工程质量控制、钢结构安装工程质量控制以及钢结构涂装工程质量控制等方面进行。对于安全控制，主要从安全管理、文明施工、脚手架、基坑工程、高处作业、施工用电、物料提升及施工升降机、塔式起重机及起重吊装、施工机具等方面开展。因此，装配式钢结构建筑施工与安装技术评价指标中技术性能指标初步确定为：标准化程度（X_1）、施工的机械化程度（X_2）、质量控制（X_3）、安全控制（X_4）、组织管理科学化程度（X_5）以及构件部品预制化率（X_6）六个指标。

2. 指标的归并与筛选

利用灰色关联聚类评估方法，将初步确定的指标进行归类，具体步骤为：

1）计算指标之间的灰色绝对关联度

设有 m 个指标，每个指标有 n 个观测数据，得到序列：

$$\begin{cases} X_1 = (x_1(1), x_1(2), \cdots, x_1(n)) \\ X_2 = (x_2(1), x_2(2), \cdots, x_2(n)) \\ \vdots \\ X_m = (x_m(1), x_m(2), \cdots, x_m(n)) \end{cases} \tag{4-1}$$

将式（4-1）所示序列 X_i 整理为等长度 1-时距序列；公式（4-1）所示序列的始点零化像为：

$$X_i^0 = (0, x_i^0(2), \cdots, x_i^0(n)) \tag{4-2}$$

其中，$x_i^0(k) = x_i(k) - x_i(1), k = 2, \cdots, n$。

指标序列 X_i 与序列 X_j 的灰色绝对关联度 ε_{ij} 按下式计算：

$$\varepsilon_{ij} = \frac{1 + |s_i| + |s_j|}{1 + |s_i| + |s_j| + |s_i - s_j|} \tag{4-3}$$

其中，

$$|s_i| = \left| \sum_{k=2}^{n-1} x_i^0(k) + \frac{1}{2} x_i^0(n) \right| \tag{4-4}$$

$$|s_j| = \left| \sum_{k=2}^{n-1} x_j^0(k) + \frac{1}{2} x_j^0(n) \right| \tag{4-5}$$

$$|s_i - s_j| = \left| \sum_{k=2}^{n-1} [x_i^0(k) - x_j^0(k)] + \frac{1}{2} [x_i^0(n) - x_j^0(n)] \right| \tag{4-6}$$

对所有的 $i \leqslant j$，$(i, j = 1, 2, \cdots, m)$，计算出指标 X_i 和指标 X_j 的灰色绝对关联度 ε_{ij}，便得到指标关联矩阵（上三角矩阵）。

2）指标的归并

临界值 r 的取值一般根据实际问题的需要确定，r 越接近于 1，分类越细，每一类中的指标相对越少，一般要求 $r>0.5$。当 $\varepsilon_{ij} \geqslant r(i \neq j)$ 时，则可认为指标 X_i 和指标 X_j 为同类指标。

3）初选的技术指标分析

为了将初选的指标适当归类，以简化考核标准，本书做了百余份专家调查问卷并从中抽取了 10 个具有代表性的钢结构施工单位（企业资质等级为二级）的数据，对初选的技术性能指标进行打分，并使其定量化，具体见表 4-1。对所有的 $i \leqslant j$，i，$j=1,2,\cdots 9$，按照前面提到的灰色绝对关联度计算方法计算出指标 $X_i(Y_i$ 或 $Z_i)$ 和指标 $X_j(Y_j$ 或 $Z_j)$ 的灰色绝对关联度 ε_{ij}，得到指标关联矩阵，见表 4-2。

令临界值 $r=0.85$，根据表 4-2 的数据对技术性指标进行聚类，从中找出大于 0.85 的灰色绝对关联度 ε_{ij}，则有 $\varepsilon_{26}=0.9828$。由此可知，X_2（施工机械化）和 X_6（构件部品预制化率）可归为一类，均属于施工建造装配化。

技术性指标得分情况   表 4-1

数据指标	1	2	3	4	5	6	7	8	9	10
X_1	7	8	5	4	5	5	7	3	6	5
X_2	6	5	4	5	9	6	3	6	7	4
X_3	6	7	7	4	8	9	3	4	5	5
X_4	5	8	5	4	8	5	7	3	6	5
X_5	9	7	4	6	4	8	6	6	9	4
X_6	7	4	8	5	5	6	5	6	3	8

技术性指标关联矩阵   表 4-2

指标	X_1	X_2	X_3	X_4	X_5	X_6
X_1	1	0.6552	0.5690	0.7241	0.7900	0.6607
X_2	—	1	0.7222	0.8462	0.5900	0.9828
X_3	—	—	1	0.6538	0.5400	0.5714
X_4	—	—	—	1	0.6300	0.7321
X_5	—	—	—	—	1	0.7800
X_6	—	—	—	—	—	1

3. 最终的技术性能指标及其指标说明

根据灰色聚类的评估方法，最终技术性能指标及其指标说明见表 4-3 所列。

技术性能指标及指标说明   表 4-3

二级指标	三级指标	指标说明
质量控制		包括基础、主体、装饰装修、楼屋面、围护结构工程的施工质量验收，根据各分部工程对应施工规范，结合《建筑工程施工质量评价标准》GB/T 50375—2006（目前 GB/T 50375—2016 为最新版本）评分
安全控制		按《建筑施工安全技术统一规范》GB 50870—2013 分为安全管理、文明施工、起重吊装、施工机具、垂直运输施工用电等方面，依据《建筑施工安全检查标准》JGJ 59—2011 中的建筑安全检查评分表评分

二级指标	三级指标	指标说明
标准化程度	构件、部品标准化	衡量方法：构配件、部品标准化程度＝可进行标准化设计的构配件和部品的数量/全部构配件、部品的数量
	连接构造标准化	围护外墙、内墙、剪力墙、楼梯、阳台等部品与主体结构的连接构造形式的标准化程度，考察是否制定针对工程中各种类型连接部位的施工工艺标准或者指导书
施工建造装配化	构件预制率、部品装配率	① $S=A×a+B×b+C×c+D×d+E×e+F×f+H×h+I×i$ S 为建筑单体构件预制率；A、B、C、D、E、F 分别代表柱、梁、楼板（含阳台）、楼梯、外墙、内墙的模板比例；H 代表整体装配式卫生间，按 10％计；I 代表整体装配式厨房，按 15％计；a、b、c、d、e、f、h、i 分别代表相对应的系数，所对应的构件若全部采用预制件，则系数为 1；若不采用预制件，则系数为 0；若部分采用预制件，则系数取相应的占比（面积比或体积比） ② 装配率＝单体建筑室外地坪以上的主体结构、围护墙和内隔墙、装修和设备管线等采用预制部品部件的综合比例
	机械化程度	反映出使用机械代替人力或减轻劳动强度的程度。目前一些指标体系中关于施工机械化程度多以专家意见定性评价为主
组织管理科学化		包括施工组织及信息化技术的应用，施工组织中应重点考察预制构件的运输半径、堆放及吊装顺序，应以提高场地利用率和工程进度为重点；应用信息化技术手段，如施工过程与BIM、物联网相结合等

4.3.2　技术性能指标之质量控制模块

装配式钢结构建筑施工与安装评价指标体系中，技术性能指标的下一级指标包括了质量控制模块指标，在该模块下的指标主要根据建筑工程施工质量评价标准以及对应的各个分部工程施工规范，结合装配式钢结构建筑的特点总结而得出，其具有以下特点：

（1）考虑工业化的特点，在质量模块的"围护结构"中加入内外墙、剪力墙与主体钢框架连接性能质量评价，且内外墙考虑了多种墙板形式，包括轻质板材墙体、薄板＋龙骨＋薄板墙体和薄板＋芯板＋薄板墙体；连接性能评价中包括了墙板与梁、柱、楼面连接质量、接缝位置的连接质量等。结合《建筑工程施工质量评价标准》GB/T 50375—2006（目前最新版本为 GB/T 50375—2016），将评价要点分为性能指标、观感质量、尺寸偏差、质量记录以及连接质量五个方向；剪力墙的安装和连接参考北京市地方标准《装配式混凝土结构工程施工与质量验收规程》DB11/T 970—2013、《装配式剪力墙结构设计规程》DB 11/1003—2013 及《装配式剪力墙结构设计及拆分原则》。将装配式剪力墙的施工分为安装和连接两部分，不同类型的剪力墙在施工过程中的不同之处主要体现在连接处理上，并且目前国家尚未有统一的标准规定其施工的质量控制要点，地方规程中也多以设计要求为主，所以关于装配式剪力墙的连接评价也以符合设计要求为根本。

（2）考虑工业化的特点，在质量模块的"楼屋面工程"中加入楼屋面板与主体钢框架连接性能质量评价，包括了课题组开发的四角弯筋连接件。

（3）考虑装修一体化的特色，在质量模块中的"装饰装修工程"中加入整体厨卫质量评价、吊顶和地板铺装质量评价、细部工程质量评价。

质量控制主要指标见表 4-4～表 4-9 所示。

质量模块评价指标 表 4-4

指标名称	一级指标	二级指标	指标说明
质量控制模块	基础与土方工程	性能检测	对检验项目中的各项性能进行量测、检查、试验等，并将检测结果与设计要求或标准规定进行比较，以确定每项性能是否达到规定要求所进行的活动
		质量记录	参与工程建设的责任主体和检测单位在工程建设过程中，为证明工程质量的状况，按照国家有关法律、法规和技术标准的规定，在参与工程建设活动中所形成的有关确保工程质量的措施、材质证明、施工记录、检测检验报告及所做工程的成果记录等文字及音像文件
		观感质量	对一些不便用数据表示的布局、表面、色泽、整体协调性、局部做法及使用的方便性等质量项目由有资格的人员通过目测、体验或辅以必要的量测，根据检查项目的总体情况，综合对其质量项目给出的评价
		尺寸偏差	对一些主要的允许偏差项目及有关尺寸限值项目进行尺寸等量测，并将量测结果与规范规定值进行比较，以表明每项偏差值是否满足规定
	主体工程	性能检测	同上
		质量记录	
		观感质量	
		尺寸偏差	
	装饰装修工程	性能检测	同上
		质量记录	
		观感质量	
		尺寸偏差	
	楼屋面工程	性能检测	同上
		质量记录	
		观感质量	
		尺寸偏差	
	围护结构	性能检测	同上
		质量记录	
		观感质量	
		尺寸偏差	

质量模块中的基础与土方工程评价指标 表 4-5

一级指标	二级指标	三级指标	
基础与土方工程	性能检测	普通地基	地基强度
			压实系数
			注浆体强度
			地基承载力
		复合地基	桩体强度
			桩体干密度
			复合地基承载力
		桩基	单桩竖向承载力
			桩身完整性
	质量记录	材料、预制桩合格证（出厂试验报告）及进场验收记录	
		施工记录	
		试验	

一级指标	二级指标	三级指标	
基础与土方工程	观感质量	地基、复合地基	标高
			表面平整
			边坡
		桩基	桩头
			桩顶标高
			场地平整
	尺寸偏差	地基工程	普通地基：基底标高允许偏差；长度、宽度允许偏差
			复合地基、桩基：桩位偏差
		土方工程	土方开挖
			土方回填
		支护工程	排桩墙支护工程
			水泥土桩墙支护工程
			锚杆及土钉墙支护工程
			钢或混凝土支撑系统
			地下连续墙
			沉井与沉箱
			降水与排水

质量控制模块的主体工程评价指标　表 4-6

一级指标	二级指标	三级指标	四级指标
主体工程	性能检测	钢结构焊接工程	钢构件焊接工程
			焊钉（栓钉）焊接工程
		紧固件连接工程	普通紧固件连接
			高强度螺栓连接
		钢零件及钢部件加工工程	切割
			边缘加工
			矫正和成型
			制孔
		钢构件组装工程	焊接 H 型钢
			端部铣平及安装焊缝坡口
			组装
			钢构件外形尺寸
		钢构件预拼装工程	高强度螺栓和普通螺栓连接的多层板叠孔径要求
		钢结构安装工程	基础和支承面
			安装和校正
		涂装工程	防腐涂料涂装
			防火涂料涂装
		材料要求	钢材
			焊接材料
	质量记录	钢结构材料合格证（出厂检验报告）及进场验收记录	材料要求
			焊接工程

一级指标	二级指标	三级指标	四级指标
主体工程	质量记录	施工记录	钢结构焊接工程
			钢零件及钢部件加工工程
			紧固件连接工程
		施工试验	材料要求
			焊接工程
			紧固件连接工程
			钢结构涂装工程
	尺寸偏差及限值实测	预拼装的允许偏差	
		安装工程	
		安装和校正	
	观感质量	涂装工程	
		材料要求	
		焊接工程	
		紧固件连接工程	
		钢零件及钢部件加工工程	
		组装工程	
		安装工程	

质量控制模块的装饰装修工程评价指标　　　　　　表 4-7

一级指标	二级指标	三级指标	四级指标
装饰装修工程	建筑装修检查内容	性能检测	外窗传热性能及建筑节能检测
			与主体结构连接的预埋件及金属框架的连接检测
			埋件及金属框架的连接检测
			外墙块材镶贴的粘结强度检测
			室内环境质量检测
		质量记录	合格证、进场验收记录
			施工记录
			施工试验
		尺寸偏差	抹灰工程
			门窗工程
			地面工程
		观感质量	地面工程
			抹灰工程
			门窗工程
			隔墙
			饰面板
			涂饰
			细部
			外檐
			室内
	吊顶	性能检测	承载性能

续表

一级指标	二级指标		三级指标	四级指标
装饰装修工程	吊顶		性能检测	耐湿热性
				噪声声压级
			质量记录	架空地板的材质，品种，式样，规格应符合设计要求
			尺寸偏差	边直度
				高低差
				系统平整度
			观感质量	色差
				表面质量
	地面铺装	普通面层	表面平整度 表面、分格缝、图案、有排水要求的地面的坡度	
			防震缝、伸缩缝、沉降缝功能完整性施工记录	
		架空地板	尺寸偏差	表面平整度
				接缝处理
			施工记录	架空地板的材质，品种，式样，规格应符合设计要求
			观感质量	表面平整洁净、排列整齐、色泽一致、接缝均匀
			性能检测	支座必须位置正确，固定稳妥，横梁连接牢固，无松动，行走无响声，无摆动
	整体厨卫	整体卫浴	允许偏差	挠度
				防水底盘安装
			观感质量	壁板接缝
				配件
				外表
			施工记录	
			性能检测	应与结构连接牢固，符合产品安装说明规定
		整体厨房	允许偏差	接口施工精度
				立面垂直度
			观感质量	表面应光洁、平整，无裂纹、气泡，颜色均匀，外表没有缺陷
			施工质量记录	产品合格证、进场验收报告等
			性能检测	交接处处理

质量控制模块的楼屋面工程评价指标　　　　　　　　　表 4-8

一级指标	二级指标	三级指标	四级指标
楼屋面工程	性能检测	基层与保护层	找坡找平
			隔汽层
			隔离层
			保护层
		保温隔热层	保温层
			隔热层

一级指标	二级指标	三级指标	四级指标
楼屋面工程	性能检测	防水密封工程	材料质量
			渗漏和积水测试
			防水层尺寸偏差
		细部构造	
		与主体连接处理	栓钉连接
			四角弯筋连接
	质量记录	材料合格证、型式质检报告、出进场验收质检报告	
		雨后观察、淋雨或蓄水试验	
	尺寸偏差	排水坡度偏差	
		檐沟天沟纵向找坡偏差	
		保护层厚度偏差	
		表面平整度偏差	
		缝格平直偏差	
		接缝高低差	
		板块间隙宽度偏差	
	观感质量	防水材料	
		密封材料	
		细部构造	

质量模块围护结构工程评价指标 表 4-9

一级指标	二级指标	三级指标	四级指标
围护结构工程	内外墙	性能指标	轻质板材
			安装的接缝处理应符合设计要求；轻钢龙骨安装，龙骨的端部应固定，固定点间距不大于1m，螺钉间距不应大于200mm，中间部分螺钉间距不应大于300mm
		尺寸偏差	轴线位置
			墙面垂直度
			表面平整度
			拼缝高差
			洞口偏移
		质量记录	出场合格证
			性能等级的检测报告
			隐藏工程验收记录
		观感质量	安装应垂直、平整、位置正确，板材不应有裂缝或缺损，接缝应均匀、顺直
		连接质量	与梁、柱及楼面板的连接
			接缝钢筋和接缝砂浆
			拼缝处局部加强
			钩头螺栓、角钢等防锈处理
		施工质量记录	薄板＋龙骨＋薄板
			材料合格证和厂方自检报告检验

续表

一级指标	二级指标	三级指标	四级指标
围护结构工程	内外墙	施工质量记录	施工记录
			锚栓拉拔强度试验
		允许偏差	墙面垂直度
			板表面平整度
			板材立面垂直度
			接缝直线度
			接缝宽度
			接缝高低差
		观感质量	表面观感质量应符合规定要求
			焊缝观感质量应符合规定要求
		性能检测	布置、分块、标识
			水平切割尺寸
			接缝缝隙大小
			板间注密封胶质量
		连接质量	竖向龙骨的连接件与预埋件焊接质量
			连接件焊接质量及防锈处理
			下端口与主体连接质量
			主龙骨与角钢、次龙骨连接质量
		薄板＋芯板＋薄板	
		尺寸偏差	立面垂直度
			表面平整度
			阴阳角方正度
			接缝高低差
		观感质量	安装应垂直、平整、位置正确，板材不应有裂缝或缺损，表面应平整光滑、色泽一致、洁净，接缝应均匀、顺直
		质量记录	材料进厂合格证和厂方自检报告检验
			墙板施工质量记录
		性能检测	
		连接质量	板底加固质量
			预埋件、连接件的位置、数量及连接方法
			与主体结构的连接
	剪力墙	性能检测	施工验算
			吊装
			连接
		质量记录	合格证、配套材料、连接件的质量证明文件
			专项施工方案
			质量验收标志
		允许偏差	标高
			中心位移
			倾斜
		观感质量	外观质量不应有严重缺陷，对已经出现的严重缺陷，应按技术处理方案进行处理，并重新检查验收

4.3.3 技术性能指标之安全控制模块

安全控制模块是根据《建筑施工安全检查标准》JGJ 59—2011编制，工业化的建造是指在施工阶段采用装配化的施工，不涉及大规模的混凝土浇筑，故删除了《建筑施工安全检查标准》中的模板工程一项，这样各项的权重需要重新计算。另外，《标准》中的安全评价采用扣分制度，故将安全评价涉及的扣分项作为相应指标的说明，具体指标如表4-10所示。同样，安全控制模块也可单独作为施工与安全评价体系而独立存在。故此，在表4-10中，按独立的评价体系设置其指标层。表4-10中一级指标的指标说明为：

安全管理：安全管理是企业生产管理的重要组成部分，是一门综合性的系统科学。安全管理的对象是生产中一切人、物、环境的状态管理与控制，安全管理是一种动态管理。安全管理，主要是组织实施企业安全管理规划、指导、检查和决策，同时，又是保证生产处于最佳安全状态的根本环节。

文明施工：文明施工是指保持施工现场良好的作业环境、卫生环境和工作秩序整洁、科学组织、规范、标准、合理地进行施工活动的施工。

脚手架：脚手架指施工现场为工人操作并解决垂直和水平运输而搭设的各种支架。建筑界的通用术语，指建筑工地上用在外墙、内部装修或层高较高无法直接施工的地方。

基坑工程：将为保证基坑施工、主体地下结构的安全和周围环境不受损害而采取的支护结构、降水和土方开挖与回填，包括勘察、设计、施工、监测和检测等，称为基坑工程，其是一项综合性很强的系统工程。

高处作业：国家标准《高处作业分级》GB/T 3608—2008中规定：凡在坠落高度基准面2m以上（含2m）有可能坠落的高处进行作业，都称为高处作业。

施工用电：临时用电是指施工现场在施工过程中使用的电力，也是建筑施工过程的用电工程或用电系统的简称。

物料提升及施工升降机：物料提升机设置了断绳保护安全装置、停靠安全装置、缓冲装置、上下高度及极限限位器、防松绳装置等安全保护装置。设计符合《施工升降机》GB/T 10054—2005，《施工升降机安全规程》GB 10055—2007的要求。施工升降机又叫建筑用施工电梯，也可以成为室外电梯，工地提升吊笼，是建筑中经常使用的载人、载货施工机械，主要用于高层建筑的内外装修、桥梁、烟囱等建筑的施工。

塔式起重机及起重吊装：塔式起重机简称塔机，亦称塔吊。动臂装在高耸塔身上部的旋转起重机，其作业空间大，主要用于房屋建筑施工中物料的垂直和水平输送及建筑构件的安装。

施工机具：是指在施工过程中为了满足施工需要而使用的各类机械、设备、工具等，包括有、租赁和分包方的设备等，由塔吊、盾构机、外用电梯、吊篮、泵车、搅拌机、电焊机、切断机、弯曲机、脚手架、模板和各种其他施工工具等组成。

安全控制模块评价指标

表 4-10

指标名称	二级指标	指标说明
安全管理	安全生产责任制	分级责任制
		技术操作规程
		专职安全员配置

指标名称	二级指标	指标说明
安全管理	安全生产责任制	安全生产资金保障制度
		安全资金使用计划
		安全生产管理目标
	安全技术交底	
	安全检查	建立安全检查制度
		检查记录
		整改复查
	应急救援	重大危险源辨别
		应急救援演练
		应急救援设备
文明施工	现场围挡	市区主要路段高度≥2.5，其他≥1.8
	施工场地	主要道路应有硬化处理，防尘排水等控制污染措施
	材料管理	建筑材料、构件、料具应按总平面布局进行码放，码放应整齐并标记名称规格，应采取相应的防火、防水、防锈等措施
	现场办公与住宿	床铺设置不得超过 2 层，通道宽度不应小于 0.9m；人均面积不应小于 2.5m²，且不得超过 16 人/间
脚手架	施工方案	架体搭设应编制专项施工方案，结构设计应进行计算，并按规定进行审核、审批
	架体（立杆）基础及稳定	应按方案要求平整、夯实，并应采取排水措施，扣件式脚手架应在距立杆底端高度不大于 200mm 处设置纵、横向扫地杆；门式脚手架剪刀撑斜杆与地面夹角应在 45°～60°之间；碗扣式纵横向扫地杆距立杆底端高度不应大于 350mm；承插型盘扣式和满堂式脚手架必须设置垫板和可调底座；悬挑式脚手架锚固端长度不应小于悬挑长度的 1.25 倍
	杆件设置	架体与建筑结构拉结应符合规范要求，作业层外侧应设置高度不小于 180mm 的挡脚板，每隔 10m 应采用安全平网封闭；扣式脚手架单排脚手架横向水平杆插入墙内不应小于 180mm，门式脚手架应按要求设置纵向水平加固杆，碗扣式脚手架高度超过 24 m 时，顶部 24m 以下的连墙件层应设置水平斜杆，承插型盘扣式双排脚手架的水平杆层未挂挂扣式钢脚手板时，应按要求设置水平斜杆，悬挑式脚手架架体底层沿建筑结构边缘在悬挑钢梁与悬挑钢梁之间应采取措施封闭
	脚手板	脚手板材质、规格应符合规范要求，脚手板应铺设严密、平整、牢固
	交底与验收	搭设前应进行安全技术交底，并应有文字记录，搭设中应进行分段验收并有责任人签字
基坑工程	施工方案	开挖深度在 3～5m 之间应具有独立的施工方案，大于 5m 或工况较为复杂时应有专家论证方案
	基坑支护	基坑边沿周围地面应设排水沟；放坡开挖时，应对坡顶、坡面、坡脚采取降排水措施，基坑底四周应按专项施工方案设排水沟和集水井，并应及时排除积水
	降排水	基坑边及坑底应设置排水系统，放坡开挖时坡顶、坡面、坡底应有排水设置
	基坑开挖	基坑开挖应在支护强度满足要求后进行，开挖采取措施防止碰撞支护结构、工程桩或扰动基底原状土土层，采用机械在软土场地作业时，应采取铺设渣土或砂石等硬化措施

续表

指标名称	二级指标	指标说明
基坑工程	坑边荷载	施工机械与基坑边沿应保持安全距离，基坑边沿物料堆放荷载应在设计范围内
	安全防护	2m及以上的基坑应安装防护栏杆，基坑梯道宽度不应小于1m
	基坑监测	检测结果变化速率较大应增加检测次数，检测报告完整程度
	支撑拆除	拆除应设有专项方案，机械拆除得分施工荷载应在设计荷载之下，人工拆除应设置防护措施
	作业环境	基坑内机械人员安全距离应符合方案要求，垂直作业应设置保护措施，管线范围内开挖应有专人监护
高处作业	安全保护设备	安全帽、安全网、安全带的管理和设置应有专项方案
	洞口、通道口防护	电梯井内应每隔两层且不大于10m设置安全平网；建筑物高度超过24m，防护棚顶未采用双层防护，防护棚宽度应大于通道口宽度，两侧应封闭
	攀登作业	移动式梯子的梯脚底部不应垫高使用，折梯应使用可靠拉撑装置
	悬空作业	悬空作业所用的索具、吊具等应经验收，并设置安全设施
	移动式操作平台	移动式操作平台，轮子与平台的连接应牢固可靠，立柱底端距离地面应小于80mm
施工用电	外电防护	外电线路应设置安全距离且有明显标志
	接地与接零保护系统	电源中性点直接接地的低压配电系统应采用TN-S接零保护系统、保护零线装设开关，工作接地电阻不大于4Ω，重复接地电阻不应大于10Ω
	配电线路	线路应设置保护电路和过载保护，室内非埋地明敷主干线距地面高度不应小于2.5m
	配电与开关箱	应采用三级配电、二级漏电保护系统，用电设备应有各自专用的开关箱，箱体应设置系统接线图和分路标记，开关箱与用电设备应符合安全距离要求，应设置箱门、锁及防雨设施
	配电室与配电装置	耐火等级应大于三级，并有相应的防火设备，应设置场地设备用电电路图和系统图，应采取防雨雪和小动物侵入的措施
	现场照明	照明用电不应与其他用电设备混用，照明变压器使用双绕组安全隔离变压器，照明设备设置应符合安全距离要求，并应设有应急系统
	用电档案	应制定专项用电施工组织设计、外电防护专项方案或设计，应完整记录接地电阻、绝缘电阻和漏电保护器检测记录
施工升降机	安全装置	应设置安装起重量限制器、急停开关、对重缓冲器等
	限位装置	应安装极限开关、上/下限位开关、吊笼门应有机电连锁装置
	防护设置	应设置地面防护围栏、设置出入口防护棚和层门
	附墙架	附墙架间距、最高附着点以上导轨架的自由高度不应超过产品说明书要求
	钢丝绳、滑轮、对重	对重钢丝绳绳数不应少于2根且不应有磨损、变形、锈蚀，滑轮、对重应安装钢丝绳防脱、防脱轨装置
	安拆验收与使用	应有专业承包资质和安全生产许可证，应编制专项方案，应有相应的施工记录
	导轨架	导轨架设置应垂直，螺栓连接应符合相应规范要求
	基础	基础制作验收应符合相应的设计要求，基础设置在地下室顶板或楼面结构上，应对其支承结构进行承载力验算
	通信装置	应安装楼层信号联络装置

指标名称	二级指标	指标说明
塔式起重机	荷载限制装置	应设置重量和力矩限制器
	行程限位装置	应安装起升高度限位器，回转不设集电器的塔式起重机应安装回转限位器
	保护装置	小车变幅的塔式起重机应安装断绳保护及断轴保护装置、行程末端应安装缓冲器及止挡装置、起重臂根部铰点高度大于 50m 的塔式起重机应安装风速仪、顶部高度大于 30m 且高于周围建筑物应安装障碍指示灯
	吊钩滑轮卷筒与钢丝绳	吊钩应安装钢丝绳防脱钩装置，滑轮、卷筒应安装钢丝绳防脱装置
	多塔作业	多塔作业应制定专项方案，任意两台塔式起重机之间的最小架设距离应符合规范要求
	安拆验收与使用	应有专业承包资质和安全生产许可证，应编制专项方案，应有相应的施工记录
	附着	起重机高度超过规定应安装附着装置，安装内爬式塔式起重机的建筑承载结构应进行承载力验算
	基础与轨道	应设置排水措施，基础应按产品说明书及有关规定设计、检测、验收
	结构设施	主要结构件的变形、锈蚀应在规范允许范围内，应按要求设置高强度螺栓、销轴、紧固件的紧固、连接
	电气安全	应采用 TN-S 接零保护系统供电并有防雷设施，塔式起重机与架空线路安全距离应符合规范要求
起重吊装	施工方案	起重吊装应设有专项施工方案，超规模的起重吊装专项施工方案应按规定组织专家论证
	起重机械	应安装荷载限制装置、行程限制装置，起重拔杆应按其设计组装
	钢丝绳与地锚	不应有磨损、断丝、变形、锈蚀，吊钩、卷筒、滑轮磨损应在报废标准之下并应安装钢丝绳防脱装置
	索具	索具采用编结连接时，编结部分的长度应符合其规范要求；采用绳夹连接时，绳夹的规格、数量及绳夹间距应符合规范要求
	作业环境	重机行走作业处地面承载能力应符合产品说明书要求，应设置有效的加固措施并设置安全距离
	起重吊装	作业时起重臂下不应有人停留，起重机械不应载人，易散落物体应使用吊笼
	构件码放	构件码放荷载不应超过作业面承载能力，大型构件码放应有稳定措施
施工机具	手持电动工具	Ⅰ类手持电动工具应采取保护接零或未设置漏电保护器，应穿戴绝缘用品
	电焊机	电焊机安装后应履行验收程序、应做保护接零或未设置漏电保护器设置二次空载降压保护器及防雨罩
	桩工机械	安装后应履行验收程序，作业前应编制专项施工方案，机械作业区域地面承载力不足应采取有效硬化措施

4.3.4　经济性能指标

1. 指标的初选

装配式钢结构建筑施工与安装的经济性能评价对钢结构建筑的推广至关重要。在施工阶段，钢结构建筑的经济性能评价主要体现在成本和工期两个方面。从传统意义上讲，建筑工程成本主要包括人工成本、材料成本、机械消耗成本以及工程管理成本等。在施工过程中，影响工程成本的因素有很多，如管理制度不完善、现场签证以及监管力度不够等。

管理制度是工程成本控制的有力保障，管理制度不完善会导致人工成本、材料成本以及施工机械损耗成本的增加；在工程施工期间，不可避免地会遇到一些突发性事件，相应地就需要改变施工方案，这就涉及现场签证问题。现场签证是工程建设活动中的一项极其重要的法律制度，无论是开发商还是建筑商都应给予高度重视。所以，现场管理优化和签证监督是建筑工程成本控制的两个重要指标。从开发者角度考虑，工程造价中所涉及的人员、材料、机械等的投入和配置以及工程经济学中经常提到的投资回收期也是成本控制的重点。因此，人工资源配置、材料资源配置、机械资源配置和投资回收期是建筑工程成本控制的重要指标。此外，在工程施工中常常发生施工单位和业主之间索赔纠纷，索赔贯穿于工程建设的全过程，它是企业成本管理的重要环节，所以，选择索赔控制作为成本控制的指标。在工程建设过程中，工期的延误会影响后续建筑产品的销售和使用，做好工期成本优化，对工程成本控制将会产生很大影响。工期优化可以从组织措施、技术措施、合同措施和经济措施四个方面进行。因此，初步确定装配式钢结构建筑施工与安装技术评价体系中的经济性能指标为：人工成本控制（Y_1）、材料成本控制（Y_2）、机械消耗成本控制（Y_3）、现场管理优化（Y_4）、施工方案优化（Y_5）、工期优化（Y_6）、资源投入控制（Y_7）、索赔控制（Y_8）和签证监督（Y_9）。

2. 指标的归并与筛选

根据灰色聚类评估方法原理，通过专家问卷调查，得到经济性能指标的得分，见表 4-11 所列。按照 4.3.1 节的计算步骤，计算初选的经济性能指标的灰色绝对关联度 ε_{ij}，得到指标关联矩阵，见表 4-12 所列。

经济性能指标得分情况　　　　　　　　　　　　　　　　表 4-11

数据 指标	1	2	3	4	5	6	7	8	9	10
Y_1	5	7	5	5	8	6	8	7	6	7
Y_2	3	5	4	7	5	3	6	4	5	5
Y_3	5	8	6	4	7	4	8	6	5	8
Y_4	5	4	6	5	4	9	6	5	4	3
Y_5	8	5	5	4	3	4	4	4	6	7
Y_6	6	4	8	5	7	5	7	6	5	8
Y_7	5	7	6	5	6	7	6	4	7	4
Y_8	5	6	4	7	5	5	4	8	5	7
Y_9	6	7	9	6	6	6	7	3	5	6

经济性能指标关联矩阵　　　　　　　　　　　　　　　　表 4-12

指标	Y_1	Y_2	Y_3	Y_4	Y_5	Y_6	Y_7	Y_8	Y_9
Y_1	1	0.9091	0.9444	0.5926	0.7250	0.5185	0.7963	0.7037	0.5556
Y_2	—	1	0.8636	0.5758	0.7750	0.5152	0.7424	0.6667	0.5455
Y_3	—	—	1	0.6042	0.7000	0.5208	0.8333	0.7292	0.5625
Y_4	—	—	—	1	0.5417	0.6000	0.6563	0.7273	0.8000
Y_5	—	—	—	—	1	0.5083	0.6333	0.5917	0.5250
Y_6	—	—	—	—	—	1	0.5313	0.5455	0.6667
Y_7	—	—	—	—	—	—	1	0.8438	0.5938
Y_8	—	—	—	—	—	—	—	1	0.6364
Y_9	—	—	—	—	—	—	—	—	1

令临界值 $r=0.85$，根据表 4-12 的数据对经济性能指标进行聚类，从中找出大于 0.85 的灰色绝对关联度 ε_{ij}，有 $\varepsilon_{12}=0.9091$，$\varepsilon_{13}=0.9444$，$\varepsilon_{23}=0.8636$。所以，Y_1（人工成本控制）、Y_2（材料成本控制）和 Y_3（机械消耗成本控制）可以归为一类，并用人材机费用控制这个指标。

3. 最终的经济性能指标及指标说明

通过分析，进一步将经济性能指标进行划分，形成现金成本控制、资源投入配置控制和工期优化三个一级指标，其下又可再划分二级指标。对于施工经济性能的评价，由于设计、工况、施工等难易程度的不同，不同的工程有很大区别，对于不同工程施工技术的经济性能评价不应采用统一的评判标准，而应根据施工具体情况通过集合专家意见定性评价，具体指标及说明见表 4-13。

经济性能指标及指标说明　　　　　　　　　　表 4-13

一级指标名称	二级指标	指标说明
现金成本控制	投资回收期	指从项目的投建之日起，用项目所得的净收益偿还原始投资所需要的时间
	现场管理优化	即通过不断优化现场管理模式，提升现场管理水平，以达到降低成本的目的
	施工方案优化	即通过对多种施工方案进行综合对比，选择最优的施工方案，从而降低成本
	人、材、机费用控制	即材料费、人工费、施工机械使用费、措施费和企业管理费等费用的控制，是施工成本中的主要可控因素
	签证监督	包括明确责任划分、一事一单和工程变更审核
	索赔控制	包括事前控制和事中控制，事前控制指应做好施工项目各个方面的审查，包括自然条件、设计文件、工程清单、招标及合同文件的审查；事中控制只要指审查索赔报告、责任划分
资源配置控制	人员资源配置	考察工程项目施工时的资源配置合理性，包括人、材、机及信息管理等方面
	材料资源配置	
	机械资源配置	
	信息管理资源配置	
工期优化	组织措施	通过生产要素的优化配置与动态管理，合理安排施工进度
	技术措施	指通过施工技术的创新来加快施工进度，从而达到缩短工期的目的
	合同措施	指加强合同管理，包括明确合同工期、进度款的合同控制、延期控制等
	经济措施	指通过适当的经济激励手段，提高生产效率

4.3.5　绿色可持续性指标

1. 指标的初选

在自然资源消耗日益增大，不可再生资源锐减的大环境下，可持续发展成为当今社会的共识。20 世纪以来，英国、美国、日本、德国等国家对建筑的可持续性评价进行了探索，评价内容的侧重点也各不相同。随着可持续发展理念的完善，世界各国对于绿色建筑的理解已经在概念、标准和推广应用方面逐步趋向一致和成熟。目前知名且主流的评估系统有如下几个系统。

英国建筑研究院环境评估方法（英文名称：BREEAM—Building Research Establishment Environmental Assessment Method）通常被称为英国建筑研究院绿色建筑评估体系。始创于 1990 年的 BREEAM 是世界上第一个也是全球最广泛使用的绿色建筑评估方法。因为该评估体系采取"因地制宜、平衡效益"的核心理念，也使它成为全球唯一兼具"国际化"和"本地化"特色的绿色建筑评估体系。它既是一套绿色建筑的评估标准，也为绿色建筑的设计设立了最佳实践方法，也因此成为评估建筑环境性能最权威的国际标准。

BREEAM 是世界上最早的绿色建筑环境评估标准，目前已有超过 115000 幢建筑通过认证，近 70 万幢通过注册。BREEAM 体系的目标是减少建筑物对环境的影响。通过对管理、健康和舒适、能源、运输、水、材料、废弃物、土地利用与生态、污染、创新 10 大类进行评估，每一类别下分若干子项，各对应不同的得分点，分别从建筑性能、设计与建造、管理与运行这 3 个方面对建筑进行评价，满足要求即可得到相应的分数[1]。

美国绿色建筑委员会（USGBC，United States Green Building Council）是成立于 1993 年的全美非营利性组织，早在 1995 年就开始研究开发能源及环境设计先导计划 LEED（Leadership in Energy and Environmental Design），旨在满足美国建筑市场对绿色建筑评定的要求，是为提高建筑环境和经济特性而制定的一套评定标准。许多学者提到 LEED 评定认证的三个典型特点：商业行为、第三方认证及企业自愿认证行为。LEED 一直保持高度权威性和自愿认证的特点，使得其在美国乃至全球范围内取得了很大成功，成为当前应用最为广泛的一种绿色建筑评估体系[2]。

日本从 2001 年开始以全新的概念开发了独特的评价系统 CASBEE（Comprehensive Assessment System for Building Environment Efficiency，建筑环境综合性能评价体系）。CASBEE 评价工具是以下述 3 个理念为基础开发的。（1）能够贯穿建筑物寿命周期进行评价；（2）从建筑物的环境品质与性能和建筑物的环境负荷两个方面进行评价；（3）应用环境效率的思想，以新开发的评价指标 BEE 进行评价。再根据 BEE 值进行分级：共分为 S 级（优秀）、A 级（很好）、B+级（好）到 B-级（略差）、C 级（差）5 个等级[3]。

德国建筑可持续性评价指标体系分为 4 个层次，第一级包括 5 个主项，即生态质量、经济评价、社会文化和功能质量、技术质量以及过程质量。德国在 2001 年颁布的《可持续性建筑导则》基础上于 2008 年推出了可持续性建筑评价体系（BNB/DGNB），其框架和方法与 ISO 标准一致，被称为第二代评价体系。在建筑评价体系中采用 LCA 和 LCC 方法，需要依托完善的行业数据库。德国可持续性评价体系建立在建筑产品生命周期环境清单、造价清单和平均寿命数据库基础上[4]。

目前，我国对建筑的可持续评价还处于起步阶段，2006 年颁布的《绿色建筑评价标准》GB/T 50378—2006 中主要包括节地与室外环境、节能与能源利用、节水与水资源利用、节材与材料资源利用、室内环境质量和运营管理六类指标。自 2015 年 1 月 1 日起开始实施的《绿色建筑评价标准》GB/T 50378—2014 在此基础上添加了"施工管理"评价指标。

表 4-14 列举了国内外典型绿色建筑评价体系的指标。

国内外典型绿色建筑评价体系评价指标框架对比　　　　　　　表 4-14

种类	美国 LEED NC 2009 版	日本 CASBEE 2004 版	英国 BREEAM	中国 GB/T 50378—2014
1	建筑场址	户外环境质量	土地利用与生态	节地与室外环境
2	水资源利用	能源负荷	水	节水与水资源利用
3	建筑节能与大气		能源	节能与能源利用
4	材料与资源	资源及材料负荷	材料	节材与材料资源利用
5	室内环境质量	室内环境质量	健康和舒适	室内环境质量
6	—	—	运输	—
7	—	周边环境负荷	废弃物	施工管理
8	—	—	污染	
9	—	—	管理	
10	—	服务质量	—	运营管理
11	设计创新计划	—	创新	提高与创新

中国绿色建筑评价体系发展方向通过四种绿色建筑评价体系的对比，不难发现由于各国绿色建筑发展历程、社会经济发展水平、气候地域等不同，各种评价方法呈现多样化的特点，评价指标框架不尽相同，指标权重侧重点有所差别，并有着国家特色的配套政策和激励措施[5]。

考虑到我国装配式钢结构建筑的发展状况与特点，结合《绿色建筑评价标准》GB/T 50378—2014 和《绿色施工导则》中相关内容，选取不可再生资源投入、废物回收利用率以及环保支出率等指标。所以，对于施工过程的绿色可持续性的评价，可以从不可再生资源投入（Z_1）、施工管理（Z_2）、环保支出率（Z_3）、废物回收利用率（Z_4）、环境保护（Z_5）、节材与材料资源利用（Z_6）、节水与水资源利用（Z_7）、节能与能源利用（Z_8）以及节地与施工用地利用（Z_9）等方面进行。

2. 指标的归并与筛选

根据灰色聚类评估方法原理，通过专家问卷调查，得到绿色可持续性指标的得分，见表 4-15；同样，经计算灰色绝对关联度 ε_{ij}，得到指标关联矩阵，见表 4-16 所列。

绿色可持续性指标得分情况　　　　　　　　　　　　表 4-15

数据 指标	1	2	3	4	5	6	7	8	9	10
Z_1	9	6	5	6	7	3	5	6	6	7
Z_2	6	4	8	7	5	6	4	9	8	6
Z_3	6	9	7	6	8	7	8	8	7	8
Z_4	5	8	6	5	8	6	8	7	6	6
Z_5	5	7	6	7	8	6	7	6	7	7
Z_6	6	5	7	8	6	5	7	5	5	5
Z_7	7	6	5	5	6	8	6	7	8	6
Z_8	6	6	5	6	7	6	8	5	6	7
Z_9	6	7	9	6	5	6	7	3	5	6

绿色可持续性指标关联矩阵 表 4-16

指标	Z_1	Z_2	Z_3	Z_4	Z_5	Z_6	Z_7	Z_8	Z_9
Z_1	1	0.5593	0.7288	0.7712	0.7627	0.5169	0.6017	0.5339	0.5085
Z_2	—	1	0.6296	0.6094	0.6129	0.6429	0.7917	0.7857	0.5714
Z_3	—	—	1	0.9219	0.9355	0.5370	0.7222	0.5741	0.5185
Z_4	—	—	—	1	0.9844	0.5313	0.6875	0.5625	0.5156
Z_5	—	—	—	—	1	0.5323	0.6935	0.5645	0.5161
Z_6	—	—	—	—	—	1	0.5833	0.7500	0.7500
Z_7	—	—	—	—	—	—	1	0.6667	0.5417
Z_8	—	—	—	—	—	—	—	1	0.6250
Z_9	—	—	—	—	—	—	—	—	1

令临界值 $r=0.85$，根据表 4-16 的数据对经济性指标进行聚类，从中找出大于 0.85 的灰色绝对关联度 ε_{ij}，有 $\varepsilon_{34}=0.9219$，$\varepsilon_{35}=0.9355$，$\varepsilon_{45}=0.9844$。因此，Z_3（环保支出率）、Z_4（废物回收利用率）和 Z_5（环境保护）三个指标可归为一类，并用环境保护来代表这三个指标。

3. 最终的绿色可持续性指标及指标说明

通过分析，进一步将绿色可持续性指标进行划分，具体指标及说明见表 4-17。

绿色可持续性指标及指标说明 表 4-17

一级指标	二级指标	指标说明
不可再生资源投入		考察控制不可再生资源及其产品的投入情况，建筑工程中的不可再生资源一般是生产水泥的矿产资源，还有散装水泥、低性能钢材等材料的使用
施工管理	明确责任小组	建立以项目经理为第一责任人的绿色施工领导小组；并明确绿色施工管理员
	明确控制目标	明确绿色施工管理控制目标，并分解到各阶段和相关管理人员
	绿色施工专项方案	应在施工组织设计中独立成章，方案中"四节一环保"内容齐全，并应按企业规定进行审批
	明确控制指标	针对具体工程分别设定"四节一环保"控制指标，定期进行计量、核算、对比分析，并有预防与纠正措施
环境保护		建筑材料、建筑生活垃圾、机具设备的管理及利用，场地及周边设施的保护，声、光、电污染控制等
节材与材料资源利用		施工组织对材料利用的优化，现场材料管理、损耗率的控制等
节水与水资源利用		供水管网设计、水质检测与卫生保障措施，节水器具配置比率等
节能与能源利用		功率负载匹配优化，能耗控制，节能器具采用比率
节地与施工用地保护		临时设施、道路布置优化，二次运输优化

4.3.6 产业政策效应指标

目前，我国建筑产业化发展迅速，国务院、住房和城乡建设部相继出台了关于建筑工业化、产业化方面的相关政策，主要有：

2013年1月1日，国务院办公厅以国办发〔2013〕1号文件转发国家发展改革委、住房和城乡建设部共同制订的《绿色建筑行动方案》。该《行动方案》将推动建筑工业化作为一项重点任务。

2013年10月，全国政协组织召开双周协商会，提出"发展建筑产业化"的建议。

2013年11月，全国政协召开议政会，围绕"建筑产业化"进行协商，对推进建筑产业化、节能节水、降低污染、提高效率等方面进行了充分讨论、沟通并达成共识。

2013年12月，全国住房和城乡建设工作会议明确提出："加快推进建筑节能工作，促进建筑产业现代化"的发展要求。

2014年3月，国务院出台《国家新型城镇化规划（2014—2020年）》，明确提出："大力发展绿色建材，强力推进建筑工业化"的要求。

2014年5月，国务院印发《2014—2015年节能减排低碳发展行动方案》，明确提出："以住宅为重，以建筑工业化为核心，加大对建筑部品生产的扶持力度，推进建筑产业现代化"。

2016年2月，《中共中央国务院关于进一步加强城市规划建设管理工作的若干意见》，其中第十一条指出：发展新型建造方式。大力推广装配式建筑，减少建筑垃圾和扬尘污染，缩短建造工期，提升工程质量。制定装配式建筑设计、施工和验收规范。完善部品部件标准，实现建筑部品部件工厂化生产。鼓励建筑企业装配式施工，现场装配。建设国家级装配式建筑生产基地。加大政策支持力度，力争用10年左右时间，使装配式建筑占新建建筑的比例达到30%。积极、稳妥推广钢结构建筑。

2014年7月1日，住房和城乡建设部出台《关于推进建筑业发展和改革的若干意见》，其中第十六条为推动建筑产业现代化，即："统筹规划建筑产业现代化发展目标和路径。推动建筑产业现代化结构体系、建筑设计、部品构件生产、施工、主体装修集成等方面的关键技术研究与应用。制定完善有关设计、施工和验收标准，组织编制相应标准设计图集，指导建立标准化部品构件体系。建立适应建筑产业现代化发展的工程质量暗管监管制度。鼓励各地制定建筑产业现代化发展规划以及财政、金融、税收、土地等方面激励政策，培育建筑产业现代化龙头企业，鼓励建设、勘察、设计、施工、构件生产和科研等单位建立产业联盟。进一步发挥政府投资项目的试点示范引导作用并适时扩大试点范围，积极稳妥推进建筑产业现代化"。

2014年9月1日，住房和城乡建设部出台《工程质量治理两年行动方案》，其重点任务第四项即为大力推动建筑产业现代化，主要包括三方面内容："第一，加强政策引导。住房城乡建设部拟制定建筑产业现代化发展纲要，明确发展目标：到2015年底，除西部少数省区外，全国各省（区、市）具备相应规模的构件部品生产能力；新建政府投资工程和保障性安居工程应率先采用建筑产业现代化方式建造；全国建筑产业现代化方式建造的住宅新开工面积占住宅新开工总面积比例逐年增加，每年比上年提高2个百分点。各地住房城乡建设主管部门要明确本地区建筑产业现代化发展的近远期目标，协调出台减免相应税费、给予财政补贴、拓展市场空间等激励政策，并尽快将推动引导措施落到实处。第二，实施技术推动。各级住房城乡建设主管部门要及时总结先进成熟、安全可靠的技术体系并加以推广。住房城乡建设部组织编制建筑产业现代化国家建筑标准设计图集和相关标准规范；培育组建全国和区域性研发中心、技术标准人员训练中心、产业联盟中心，建立通用种类和标准规格的建筑部品构件体系，实现工程设计、构件生产和施工安装标准化。各地住房城乡建设主管部门要培育建筑产业现代化龙头企业，鼓励成立包括开发、科研、设计、构件生产、施工、运营维护等在内的产业联盟。第三，强化监管保障。各级住房城乡建设主管部门要在实践经验的基础上，探索建立有效的监管模式并严格监督执行，保障建筑产业现代化健康发展。"

2014 年 12 月，住房和城乡建设部在全国住房和城乡建设工作会议上提出"2015 年实现建筑产业现代化新跨越"，作为住房和城乡建设 2015 年六个方面努力实现新突破的工作任务之一。

2015 年 9 月，住房和城乡建设部在调研沈阳建筑产业现代化时表示，要鼓励龙头企业带头转变生产方式，引领建筑工业化发展。

2015 年 9 月，在"第十四届中国国际住宅产业博览会"期间，住房和城乡建设部主持召开装配式建筑工作座谈会，对当前装配式建筑发展的现状、存在的问题进行了分析，并提出了政策建议。

2016 年 3 月 25 日，国务院印发落实《政府工作报告》重点工作部门分工意见，第 12 项要求，深入推进新型城镇化，大力发展钢结构和装配式建筑。

2017 年 2 月国务院办公厅出台了《关于促进建筑业持续健康发展的意见》，意见中强调：推进建筑产业现代化，推广智能和装配式建筑，提升建筑设计水平以及加强技术研发应用，力争用 10 年左右的时间，使装配式建筑占新建建筑面积的比例达到 30%。

2017 年 9 月国务院办公厅出台的《关于开展质量提升行动的指导意见》中指出：因地制宜提高建筑节能标准。完善绿色建材标准，促进绿色建材生产和应用。大力发展装配式建筑，提高建筑装修部品部件的质量和安全性能。

我国从中央政府层面，2006～2015 年先后发布了 5 条建筑工业化的政策。

2006 年 6 月 21 日，由中华人民共和国建设部发布《国家住宅产业化基地试行办法》。

2013 年 1 月 1 日，由发展改革委和住房城乡建设部发布了《绿色建筑行动方案》的通知。

2014 年 5 月 4 日，由中华人民共和国住房和城乡建设部发布了《住房和城乡建设部关于开展建筑业改革发展试点工作》的通知。

2014 年 7 月 1 日，由中华人民共和国住房和城乡建设部发布了《住房城乡建设部关于推进建筑业发展和改革的若干意见》。

2014 年 9 月 5 日，由中华人民共和国住房和城乡建设部发布了《住房和城乡建设部关于建筑产业现代化国家建筑标准设计专项编制工作计划（第一批）》的通知。

由此可见，国家相关鼓励政策和行业推进方案对装配式建筑具有较大的支持力度。建筑施工产生的社会效益主要表现在它对整个行业的带动和导向作用。鉴于此，加入了政策导向和产业带动作用两个指标，见表 4-18 所列。

产业政策效应指标及指标说明 表 4-18

一级指标	指标说明
政策导向	国家建筑产业政策对新技术的支持程度
产业带动作用	新技术对产业的技术创新、相关产品的带动效应

4.4 本章小结

本章结合现阶段国内建设工程施工阶段的质量管理规范、质量验收规范及钢结构建筑施工的技术特点，通过开展相关人员的问卷调查，利用层次分析法，构建了以目标层、准则层和指标层三个层次为核心的评价指标体系，进而通过灰色聚类评估方法，对准则层下各级指标进行了归并和筛选，确定了装配式钢结构建筑施工与安装技术评价的指标体系，同时对具体指标进行了说明与解释。

本章参考文献

[1] 李诚，周晓兵. 中国《绿色评价标准》和英国 BREEAM 对比 [J]. 暖通空调 HVAC，2012，42（10）：60-65.

[2] 孙继德，卞莉，何贵友. 美国绿色建筑评估体系 LEED V3 引介 [J]. 建筑经济，2011，(1)：91-96.

[3] 计永毅，张寅可持续建筑的评价工具—CASBEE 及其应用分析 [J]. 建筑节能，2011，(6)：62-70.

[4] 杨崴，王珊珊. 基于整合 LCA 方法的德国可持续建筑评价体系 [J]. 学术论文专刊，2014，(1)：92-97.

[5] 章国美，时昌法. 国内外典型绿色建筑评价体系对比研究 [J]. 建筑经济. 2016，37（8）：76-80.

第5章 装配式钢结构建筑施工能耗

5.1 施工能耗分析与计算

5.1.1 施工流程图

将装配式钢结构建筑单项工程分为：基础及土方工程、主体工程、围护结构工程、屋面工程、装饰装修工程五个部分，如图5-1所示。基础工程及土方工程分为土方开挖、做垫层、砌基础、回填土四个步骤，每个步骤根据不同的施工方法可以再进行详细划分，如图5-2所示。

主体工程分为钢结构安装工程、钢结构涂装工程、楼板工程。钢结构安装工程包括钢柱吊装、钢梁吊装、钢构件焊接与紧固件连接，钢结构涂装工程包括防火涂装与防腐涂装，楼板工程根据楼板的类型进行细分，如图5-3所示。

围护结构工程根据墙体材料的不同，将其分为轻质板材墙体、砌块墙体、轻钢龙骨复合墙体以及预制混凝土板墙体，如图5-4所示。

屋面工程，将其分为卷材防水屋面、涂膜防水屋面、刚性防水屋面，如图5-5所示。

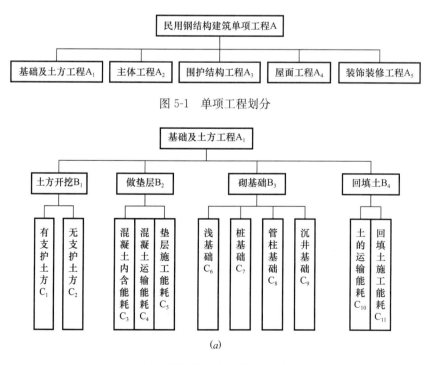

图 5-1 单项工程划分

图 5-2 基础及土方工程划分（一）

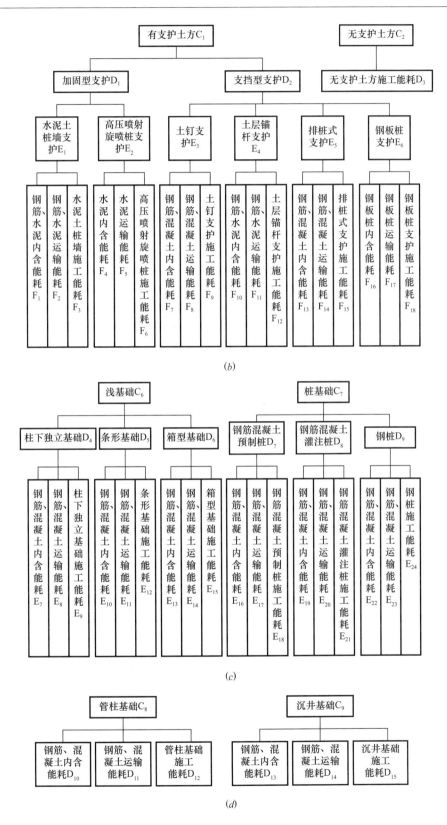

图 5-2　基础及土方工程划分（二）

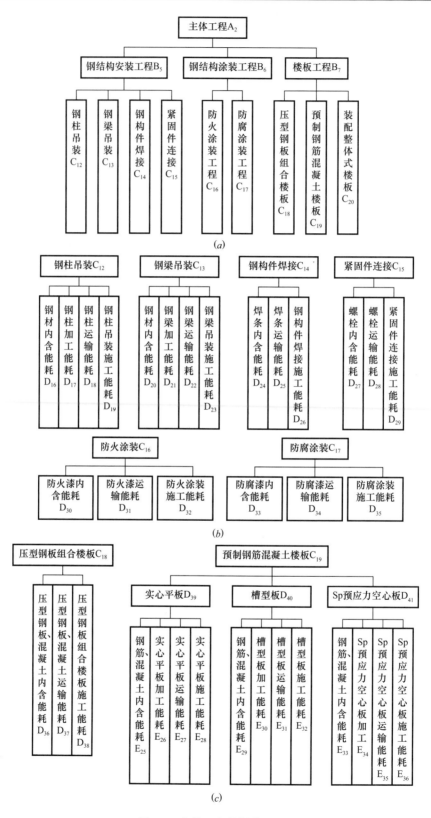

图 5-3　主体工程的划分（一）

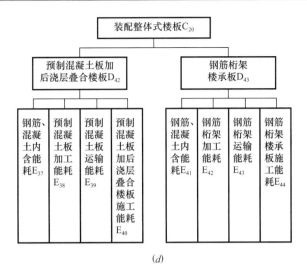

(d)

图 5-3　主体工程的划分（二）

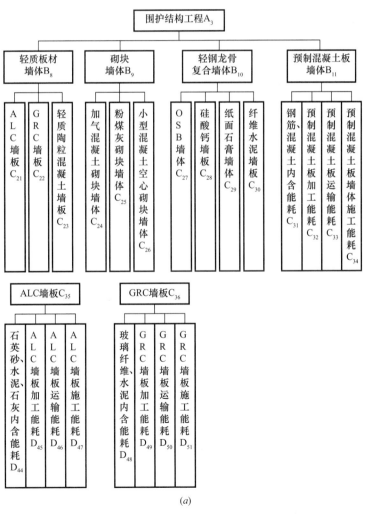

(a)

图 5-4　围护结构工程的划分（一）

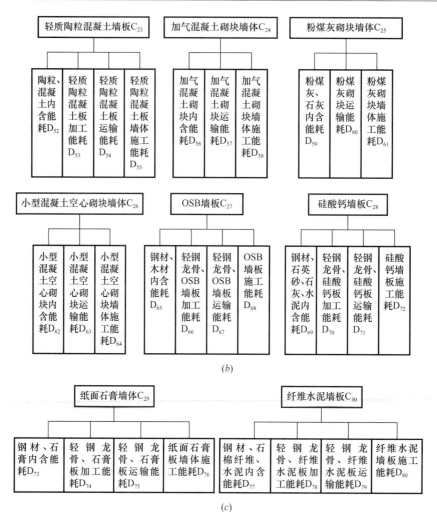

(b)

(c)

图 5-4 围护结构工程的划分（二）

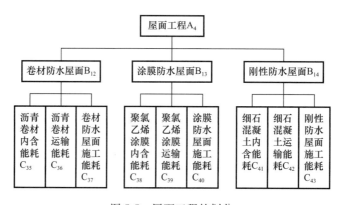

图 5-5 屋面工程的划分

装饰装修工程，将其分为抹灰工程、吊顶工程、楼地面工程、门窗工程，整体卫浴工程。每部分工程均可以进行细分，如图 5-6 所示。

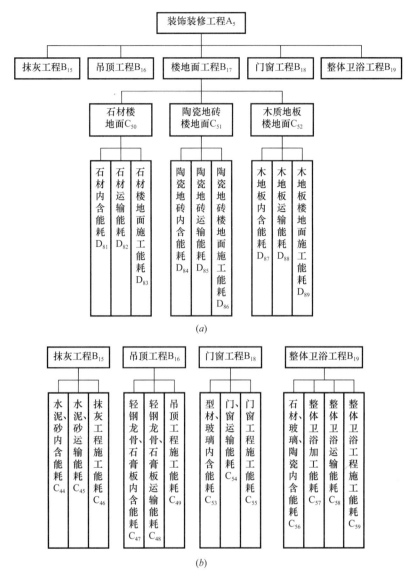

图 5-6　装饰装修工程的划分

5.1.2　施工能耗的构成与分析

建筑物施工能耗可以分为施工初始能耗、施工配套设施能耗和废弃物处理能耗三部分。研究表明：在建筑物全生命周期能耗中，建筑物的施工能耗占 20% 左右，在低能耗建筑中，施工能耗所占比例高达 60%。因此，通过对施工能耗的分析与计算，可以采取针对性的措施来节约能源。

1. 施工初始能耗

建筑物在施工过程中需要消耗大量的建筑材料、使用许多运输和施工机械，建筑材料及构件的加工以及运输过程中需要消耗能源，这些消耗能源的部分就构成了建筑物施工初始能耗的基本体系，可以把建筑材料的生产和运输以及建筑物施工过程三部分的能耗之和定义为施工初始能耗[1]，即建筑物从施工准备到竣工收尾整个建设过程中所消耗的总能量。

施工初始能耗的计算模型可表示为：

$$E_c = E_e + E_m + E_t + E_p \tag{5-1}$$

其中：E_c—建筑物施工初始能耗；E_e—建筑材料总的内含能[2]，指生产建筑材料所消耗的能量；E_m—建筑构件在工厂制作、加工所消耗的能量；E_t—建筑材料、构件运输总能耗，是指把建筑材料、构件从生产地运输到施工现场所消耗的能量；E_p—建筑物施工过程总能耗，即现场施工能耗，是指建设过程中场地平整、土方开挖、回填土等所有施工过程中所消耗的能量之和。

1）建筑材料总内含能的计算模型可表示为：

$$E_e = \sum_{j=1}^{k}(1+\lambda_j)\left(\sum_{i=1}^{n} q_{i,j} e_{i,j}\right) \tag{5-2}$$

式中：k—建筑材料、构件的种类总数；λ_j—损耗系数；n—某种材料的来源区域总数；$q_{i,j}$—从 i 区域进口 j 材料的重量；$e_{i,j}$—在 i 区域生产单位质量 j 材料需要消耗的能量，即内含能强度值。

2）建筑构件在工厂制作、加工时，主要考虑加工所用机械设备的耗油量和耗电量以及加工人员的能耗，故建立构件加工能耗计算模型：

$$E_m(GJ) = (3600W + 4916.2nt + \rho Vq) \times 10^{-6} \tag{5-3}$$

式中：W—用电量，1 度电相当于 3600kJ 能量；n—加工人员个数，1 个工人工作 1 工时消耗 4916.2kJ 能量；t—工时；ρ—燃料密度；V—燃料体积；q—燃料平均低位发热量；

3）建筑材料运输总能耗的计算模型可表示为：

$$E_t = \sum_{j=1}^{k}(1+\lambda_j)\left(\sum_{i=1}^{n} q_{i,j} e_{t,l} d_l\right) \tag{5-4}$$

式中：k—材料种类总数；λ_j—损耗系数；n—某种材料的来源区域总数；$q_{i,j}$—从 i 区域进口 j 材料的重量；$e_{t,l}$—通过运输工具 l 运输单位质量材料行驶单位距离所需要的能量；d_l—运输距离。

4）施工过程能耗计算模型

结合施工过程中所涉及的参数，考虑施工机械的耗油量和耗电量以及对能耗有影响的量，如施工过程人员能耗以及施工过程中的用电、用水能耗，建立施工过程能耗计算模型：

$$E_p(GJ) = (3600W + 2510m + 4916.2nt + \rho Vq) \times 10^{-6} \tag{5-5}$$

式中：W—用电量，1 度电相当于 3600kJ 能量；m—用水量，1t 水相当于 2510kJ 能量；n—施工人数，1 个工人工作 1 工时消耗 4916.2kJ 能量；t—工时；ρ—燃料密度；V—燃料体积；q—燃料平均低位发热量。

计算模型中相关参数的确定：

1）内含能强度值 e

内含能强度值是指单位质量建筑材料在生产过程中所消耗的能量，国内对此方面的数据研究较少，需要参考国外数据确定内含能强度值，国内主要建筑材料内含能强度值[3]见表 5-1 所列，国外主要建筑材料内含能强度值[4]见表 5-2 所列。

国内主要建筑材料内含能强度值　　　　　　　　　　　表 5-1

建筑材料	内含能量强度（GJ/t）	建筑材料	内含能量强度/（GJ/t）
钢材	29.0	砂	0.6
水泥	5.5	石灰	0.2
建筑玻璃	16.0	碎石	0.2
建筑卫生陶瓷	15.4	铸铁	32.8
烧结普通土砖	2.0	沥青	50.2
混凝土砌块	1.2	油漆、涂料	90.4
木制品	1.8	PVC	70.0

国外主要建筑材料内含能强度值　　　　　　　　　　　表 5-2

建筑材料	内含能量强度（GJ/t）	建筑材料	内含能量强度（GJ/t）
骨料（混凝土）	0.10	绝缘或隔热材料	3.30
原生岩石	0.04	用于制作涂料或漆的化合物	3.30
河水	0.02	玻璃纤维	30.30
铝（原生）	191.00	聚酯	53.70
铝（循环）	8.10	玻璃棉	14.00
沥青（铺路）	3.40	涂料	90.40
水泥	7.80	溶剂型涂料	98.10
水泥砂浆	2.00	水基涂料	76.00
烤瓷	2.50	石膏板	6.10
砖和瓦	2.50	塑料制品	70.00
砖（光滑的）	7.20	聚氯乙烯	70.00
黏土瓦	5.47	聚乙烯	87.00
混凝土	0.94	聚苯乙烯	105.00
块材	0.94	密封剂和胶粘剂	87.00
砖	0.97	苯酚甲醛	87.00
铺筑材料	1.20	尿素甲醛	78.20
预先浇筑的混凝土	2.00	钢筋（可循环的）	10.10
预拌混凝土（17.5MPa）	1.00	加强钢筋	8.90
预拌混凝土（30MPa）	1.30	钢筋（一般的）	32.00
屋面瓦	0.81	镀锌	34.80
玻璃	15.90	不锈钢	11.00
浮板	15.90	木材（软木）	5.18
塑料薄膜	16.30	粗糙锯过的木材	5.18
石膏	8.64	胶合板	8.90

2）损耗系数 λ

建筑材料或构件从生产地运输到施工现场以及在使用过程中不可避免地会损耗一部分，因此在计算时需要考虑建筑材料的损耗系数 λ，即在计算施工能耗时，实际所用的建筑材料为（1+λ），比理想状态多 λ，主要建筑材料损耗系数[5]见表 5-3 所列。

主要建筑材料损耗系数 表 5-3

建筑材料	损耗系数	建筑材料	损耗系数	建筑材料	损耗系数
铝	0.025	聚苯乙烯	0.05	涂料（色漆和清漆）	0.05
聚乙烯	0.05	混凝土（加强的）	0.025	聚氯乙烯（PVC）	0.05
混凝土（素的）	0.025	钢筋	0.05	镀铜的	0.025
瓦和水泥熟料	0.025	玻璃	0	木材（剖平的）	0.025
石膏墙板	0.05	木材（粗糙的）	0.025	玻璃棉	0.05
木材（墙面和屋顶板薄片）	0.025				

3）运输能耗强度值 e_t

运输能耗强度值是指通过某种运输工具，运输单位质量建筑材料，行驶单位距离所消耗的能量，主要运输工具运输能耗强度值[6-7]见表 5-4 所列。

主要运输工具运输能耗强度值 表 5-4

运输方式	能耗 MJ/(kg·km)
船	0.468
卡车	2.423
铁路	0.275

4）主要燃料密度 ρ 及其平均低位发热量 q

为了能够求得消耗单位体积 i 燃料所释放的能量，建立如下计算模型：

$$Q_i = \rho_i q_i \tag{5-6}$$

式中：Q_i—消耗单位体积 i 燃料所释放的能量；ρ_i—燃料的密度；q_i—燃料的平均低位发热量。根据各种能源折标准煤参考系数表，以及查阅的主要燃料密度值，绘制主要燃料密度值以及其平均低位发热量表，见表 5-5 所列。

主要燃料密度及其平均低位发热量 表 5-5

常用燃料	密度值（kg/L）	平均低位发热量（kJ/kg）
汽油	0.75	43070
柴油	0.84	42652
液化石油气（液态）	0.58	50179
煤气	0.80	38700
天然气（气态）	0.63	48000

根据前面所述的计算模型和计算方法可以计算出每个施工过程的施工初始能耗 E_c，

将每个施工过程的能耗按施工流程图自下而上的顺序向上传递，并且累加，可计算单项工程的总能耗，能耗集成示意图如图5-7所示。

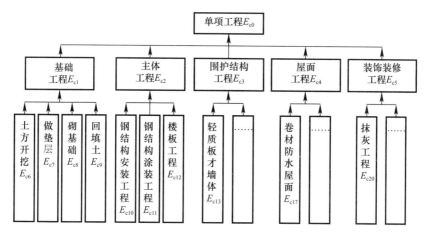

图 5-7　施工初始能耗集成图

2. 施工配套设施能耗

建筑物在施工阶段，能源消耗并不是仅存在于施工区域，在生活区和办公区也存在着能源消耗，即所谓的施工配套设施能耗，其组成如图5-8所示。

办公区域和生活区域的建设能耗和计算施工区域建筑物施工初始能耗的方法相同，主要利用式（5-1）～式（5-6）进行计算。电能和燃气能耗的计算首先要采用施工现场实测法，通过对办公区、生活区的电表、气表进行实测，得出用电量和用气量，然后通过计算公式，结合《综合能耗计算通则》将用电量和用气量转化为能耗值。

3. 废弃物处理能耗

建筑物在建设过程中会产生一些废弃物，液体废弃物经处理符合相关规定后，可以直接排除，而固体废弃物需要通过运输工具运输到附近的填埋场或指定位置，其中需要消耗运输能耗，废弃物处理能耗组成如图5-9所示。

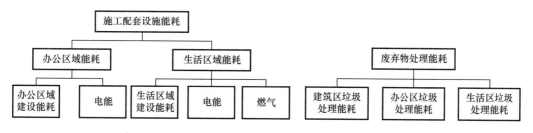

图 5-8　施工配套设施能耗组成　　　　　图 5-9　废弃物处理能耗组成

利用运输能耗强度值 e_t（通过运输工具运输单位质量建筑材料行驶单位距离所消耗的能量），将建筑垃圾、办公区垃圾和生活区垃圾分类，称其质量 Q，再计算出施工现场到填埋场或指定地点的距离 l，三部分相乘再求和，计算公式为：

$$E = \sum_{i=1}^{n} e_t Q_i l_i \qquad (5-7)$$

5.2 施工能耗指标建立及计算

5.2.1 编程界面的制作

根据对装配式钢结构建筑施工能耗的构成分析，考虑能耗指标，编制了装配式钢结构建筑施工能耗计算程序。本书以钢结构安装工程中钢柱吊装为例，讲述编程界面的制作及使用方法。首先根据钢结构安装工程的施工流程图，如图 5-10 所示，将其编成如图 5-11～图 5-14 所示的编程界面。

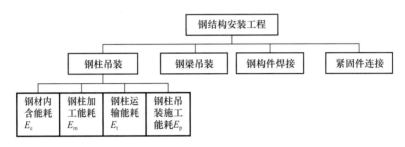

图 5-10 钢结构安装工程流程图

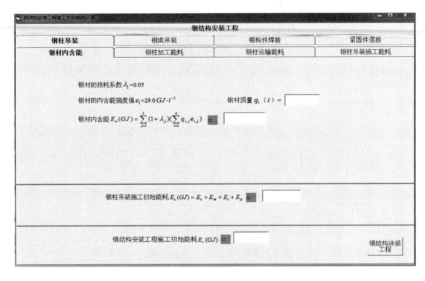

图 5-11 钢柱内含能耗计算界面

由图 5-11 所示的编程界面可以清晰地看出，钢柱吊装的施工初始能耗分为 E_e、E_m、E_t、E_p 四个部分（与图 5-10 钢结构安装工程施工流程图相对应），在图 5-11 所示的编程界面中，单击钢结构安装工程下的钢柱吊装选项卡（已选中的选项卡字体颜色加深），再选择钢柱吊装下的钢材内含能选项卡，即进入如图 5-11 所示的钢柱内含能耗计算界面，计算界面中已经给出了已知参数的数值，只需把未知参数的数值代入，即在图 5-11 中代入钢材质量 q_1。单击界面中带阴影的等号，便可得出钢材内含能耗 E_e。然后，单击选择钢柱加工能耗选项卡，如图 5-12 所示。在图 5-12 所示的计算界面中填入加工过程的用电

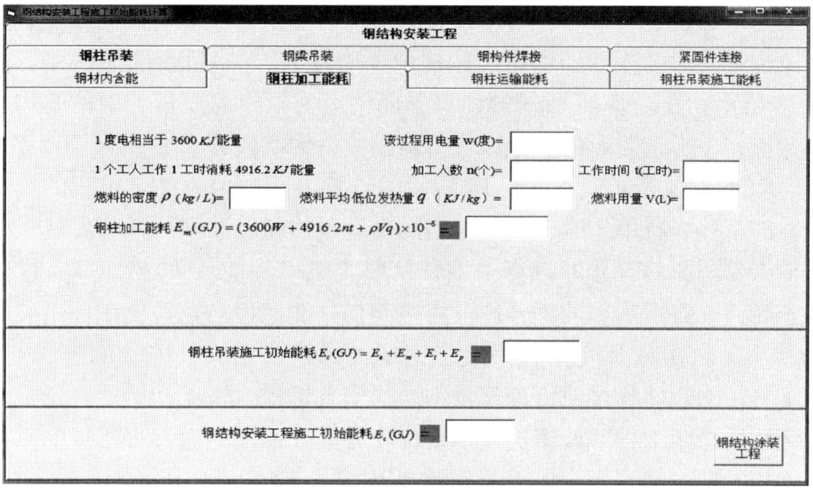

图 5-12　钢柱加工能耗计算界面

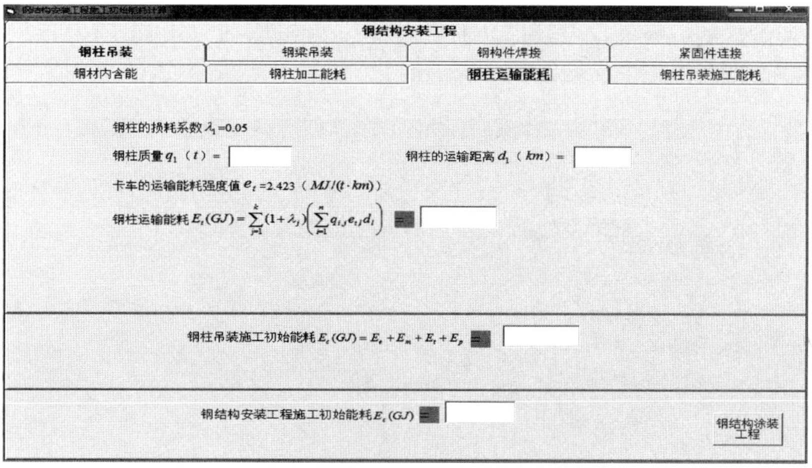

图 5-13　钢柱运输能耗计算界面

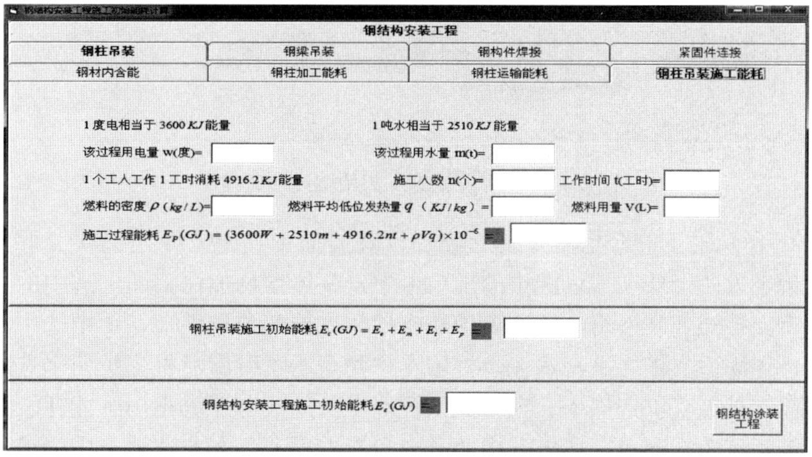

图 5-14　钢柱吊装施工能耗计算界面

量、加工人员的个数、所用工时、所用燃料的密度、体积以及平均低位发热量这些未知参数的数值，单击带阴影的等号即可得出钢柱加工能耗 E_m。然后，选择钢柱运输能耗选项卡，如图 5-13 所示。在图 5-13 所示的计算界面中填入钢柱的质量、钢柱的运输距离这些未知参数的数值，单击带阴影的等号即可得出钢柱运输能耗 E_t。最后，选择钢柱吊装施工能耗选项卡，如图 5-14 所示。在图 5-14 所示的计算界面中填入施工过程的用电量、用水量、施工人员的个数、所用工时、所用燃料的密度、体积以及平均低位发热量这些未知参数的数值，单击带阴影的等号即可得出钢柱吊装施工过程能耗 E_p。计算完这四部分的能耗之后，单击界面下方带阴影的等号便可将这四部分能耗相加，得出钢柱吊装施工初始能耗 E_c。以此类推，依次计算完钢梁吊装、钢构件焊接与紧固件连接的施工初始能耗后，单击界面最下方带阴影的等号便可计算出钢结构安装工程的施工初始能耗。最后单击界面右下角的"钢结构涂装工程"按钮进入钢结构涂装工程计算界面，将所得的每个施工过程的施工能耗累加，即可得到一个单项工程的施工能耗。

5.2.2 使用方法

本界面无需登录，在符合条件的运行环境下双击生成的应用程序即可打开如图 5-15 所示的界面，土方开挖施工初始能耗计算界面。

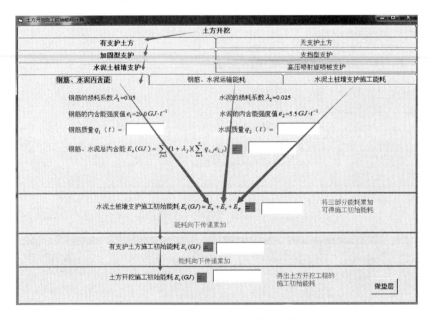

图 5-15 土方开挖施工初始能耗计算界面

在图 5-15 所示的土方开挖施工初始能耗计算界面中，土方开挖选项卡下分为有支护土方和无支护土方两个选项卡，选中的选项卡中，字体颜色加深，图中选中的是有支护土方选项卡；有支护土方之下有加固型支护和支挡型支护两个选项卡，图中选中的是加固型支护选项卡；加固型支护之下有水泥土桩墙支护和高压喷射旋喷桩支护两个选项卡，图中选中的是水泥土桩墙支护选项卡；在水泥土桩墙支护选项卡下分出内含能耗、运输能耗以及施工过程能耗三个选项卡，图中选中的是内含能选项卡，在此选项卡中给出了与计算相关的数据信息，填入位置数据即可计算水泥土桩墙支护的内含能耗，然后分别选中运输能耗、施工过程能耗选项卡，填入相关数据，即可计算水泥土桩墙支护的运输能耗和施工过程能耗。将三部分的能耗累加可得水泥土桩墙支护的施工初始能耗，并通过下面的选项卡将能耗向下累加传递得出土方开挖工程的施工初始能耗。计算完土方开挖施工初始能耗之后单击界面右下角"做垫层"按钮，进入下一个界面，如图 5-16 所示，做垫层施工初始能耗计算界面。

做垫层计算完成之后，进入砌基础施工初始能耗计算界面，如图 5-17 所示。

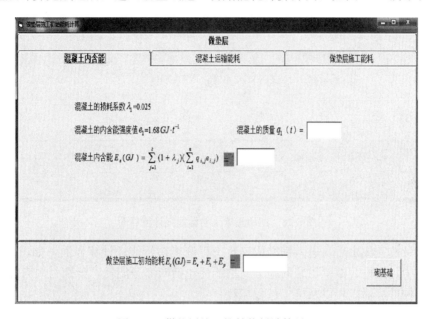

图 5-16　做垫层施工初始能耗计算界面

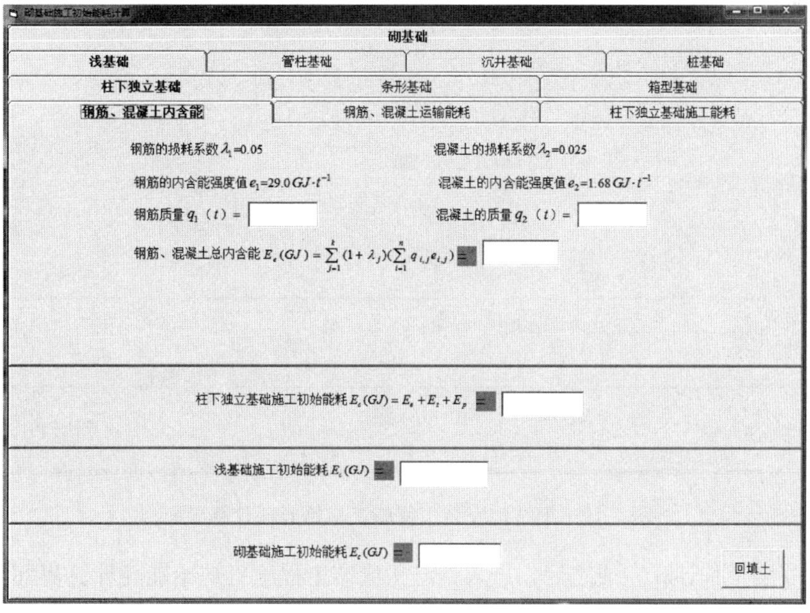

图 5-17　砌基础施工初始能耗计算界面

砌基础计算完成之后，进入回填土施工初始能耗计算界面，如图 5-18 所示。回填土施工初始能耗之中没有内含能耗，只包含运输能耗和施工过程能耗两项。

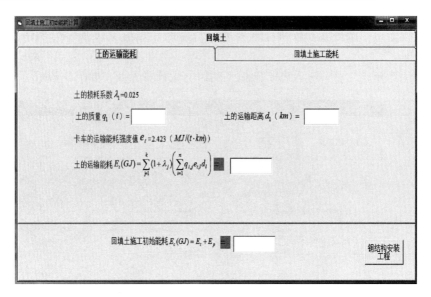

图 5-18　回填土施工初始能耗计算界面

回填土计算完成之后，进入钢结构安装工程施工初始能耗计算界面，如图 5-19 所示。在安装工程中，钢柱、钢梁吊装的施工初始能耗包括四部分能耗，分别为内含能耗、构件加工能耗、构件运输能耗以及施工过程能耗。

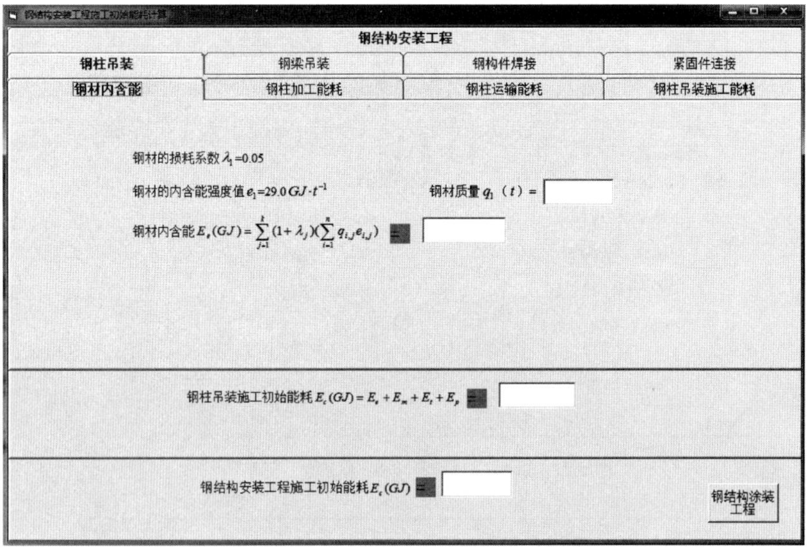

图 5-19　钢结构安装工程施工初始能耗计算界面

钢结构安装工程计算完成之后，进入钢结构涂装工程施工初始能耗计算界面，如图 5-20 所示。

钢结构涂装工程计算完成之后，进入楼板工程施工初始能耗计算界面，如图 5-21 所示。楼板的施工初始能耗分为四部分，分别为内含能耗、构件加工能耗、构件运输能耗以及施工过程能耗。

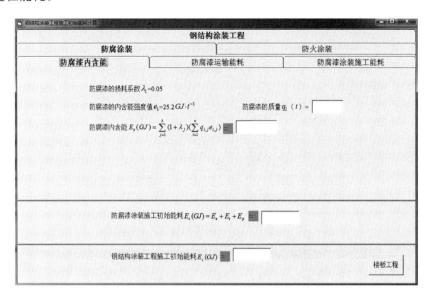

图 5-20 钢结构涂装工程施工初始能耗计算界面

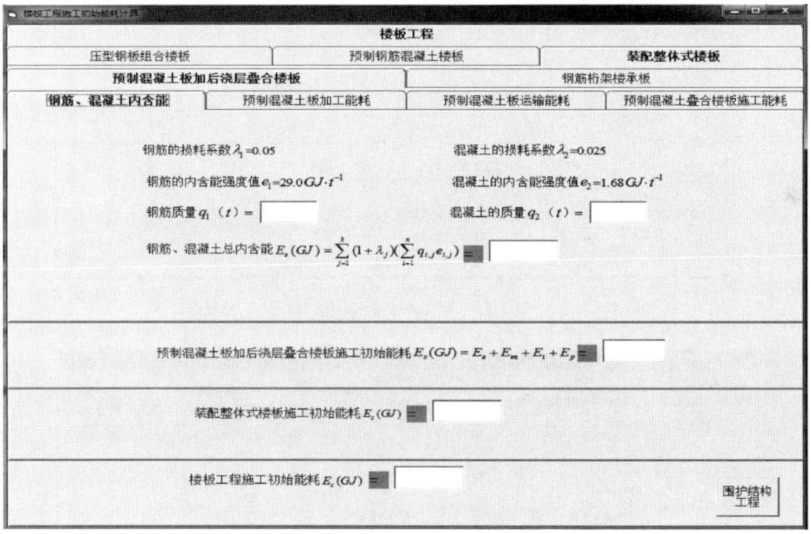

图 5-21 楼板工程施工初始能耗计算界面

楼板工程计算完成之后，进入围护结构工程施工初始能耗计算界面，如图 5-22 所示。墙体类型的施工初始能耗分为四部分，分别为内含能耗、构件加工能耗、构件运输能耗以及施工过程能耗。

围护结构工程计算完成之后，进入屋面工程施工初始能耗计算界面，如图 5-23 所示。

屋面工程计算完成之后，进入装饰装修工程施工初始能耗计算界面，如图 5-24 所示。

最后将上述 10 个工程的施工初始能耗累加求和，并汇总到民用钢结构建筑单项工程施工初始能耗计算界面中，如图 5-25 所示。

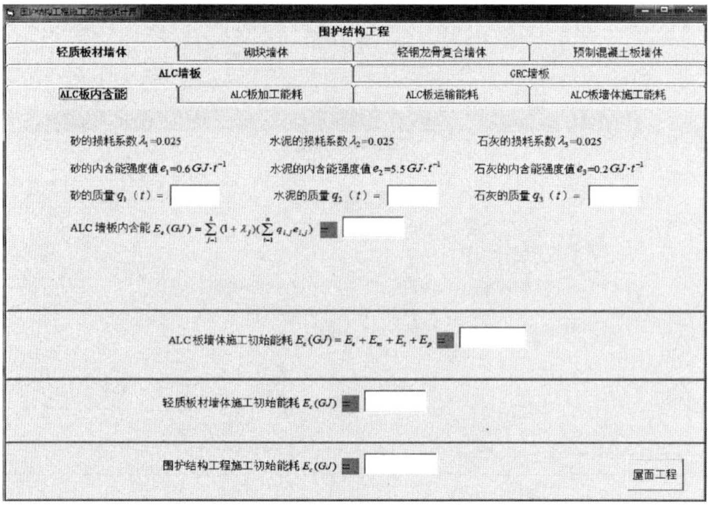

图 5-22 围护结构工程施工初始能耗计算界面

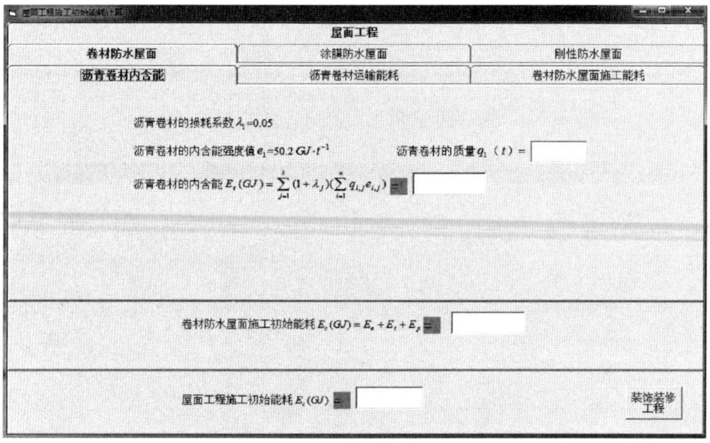

图 5-23 屋面工程施工初始能耗计算界面

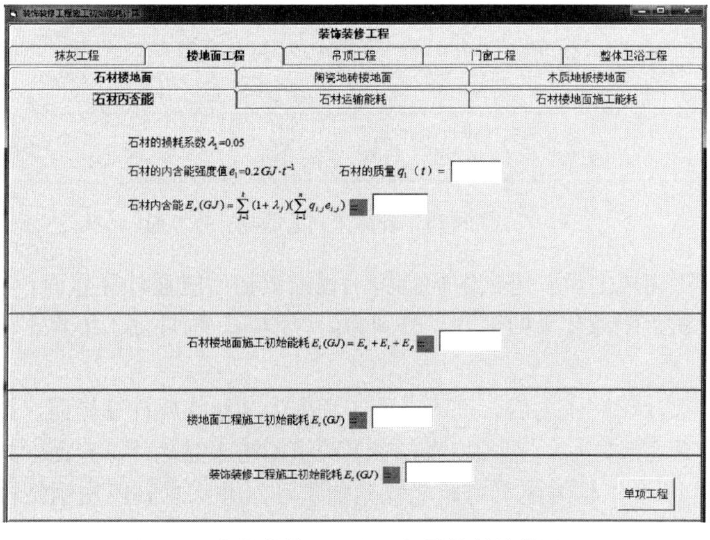

图 5-24 装饰装修工程施工初始能耗计算界面

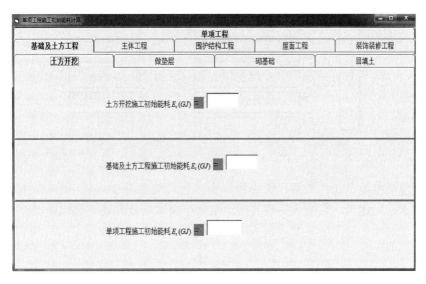

图 5-25　民用钢结构建筑单项工程施工初始能耗计算界面

5.3　绿色施工专项方案

5.3.1　非绿色因素分析

建筑行业飞速发展是经济发展的结果，它是国民经济的重要支撑，也是大量消耗基础资源的行业之一，据统计，建筑活动所消耗的资源占人类所使用的自然资源总量的 40%，能源总量的 40%，并且产生的建筑垃圾也占人类活动产生的垃圾总量的 40%。若对建筑施工技术的实施控制不当，就会给环境带来负面影响。

绿色施工是指建筑在周期性施工过程中，全面实施绿色环保的施工计划，执行资源的可持续发展战略，同时利用高科技技术，减少施工带来的环境污染，利用科学的施工办法，高效施工，减少施工污染以及施工带来的其他负面影响，是我国节约资源与保护环境的重要技术[8]。近几年来，随着《绿色施工导则》的颁布，绿色施工也有了比较明确的定义：在确保质量、安全的前提下，工程建设过程需要运用科学的管理手段和先进的技术，达到节约能源资源，减少对环境的破坏，实现节材、节水、节地、节能及保护环境的四节一环保战略目标[9]。总之，绿色施工是实现节能减排和资源节约的关键环节。

绿色施工专项方案作为施工开始前的重要环节，编制时需要提前对施工阶段的非绿色因素进行分析。非绿色因素是指可能在工程建设过程中造成资源浪费、环境破坏的施工活动，主要表现为违背了《绿色施工导则》中的四节一环保战略目标的施工活动[10]。本节在《绿色施工导则》实施框架的基础上，建立了非绿色因素分析框架，如图 5-26 所示。

如图 5-26 所示，将从五个方面分析建筑施工阶段的非绿色因素，即环境保护、节材与材料资源利用、节水与水资源利用、节能与能源利用、节地与施工用地保护五个方面。此外，环境保护又分为扬尘、光污染、噪声污染与水土污染四个分项。

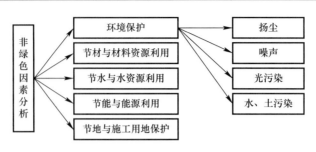

图 5-26　非绿色因素分析框架

施工阶段扬尘源、光污染源、噪声源、水、土污染源见表 5-6～表 5-9 所列。在表中分别对普通钢结构建筑、装配式钢筋混凝土结构建筑以及装配式钢结构建筑在施工阶段的扬尘源进行了对比，突出了装配式钢结构建筑在环境方面的优势。

扬尘源　　　　　　　　　　　　　　　　　　　　　　　　表 5-6

建筑类型	施工阶段扬尘源
普通钢结构建筑	1）运输车辆粘泥土行驶产生扬尘，运输建筑垃圾产生扬尘，运输易生尘埃建筑材料（水泥、砂子等）产生扬尘。 2）模板内部清理时（模板上锈、砂浆的清理），处理不当造成扬尘。 3）钢筋除锈造成扬尘。 4）砂浆现场制备，因缺乏保护措施产生扬尘。 5）建筑材料（水泥、砂子等）存放不当，造成扬尘。 6）脚手架的清扫、除锈造成扬尘。 7）施工现场生产、生活垃圾焚烧产生扬尘。 8）食堂油烟及现场锅炉产生的扬尘
装配式钢筋混凝土结构建筑	1）运输车辆粘泥土行驶产生扬尘，运输建筑垃圾产生扬尘，运输易生尘埃建筑材料（水泥、砂子等）产生扬尘。 2）植筋时，因钻孔、清孔、剔凿造成扬尘。 3）砂浆现场制备，因缺乏保护措施产生扬尘。 4）建筑材料（水泥、砂子等）存放不当，造成扬尘。 5）施工现场生产、生活垃圾焚烧产生扬尘。 6）食堂油烟及现场锅炉产生的扬尘
装配式钢结构建筑	1）运输车辆粘泥土行驶产生扬尘，运输建筑垃圾产生扬尘。 2）防腐漆、防火漆涂装施工时造成空气污染。 3）施工现场生产、生活垃圾焚烧产生扬尘。 4）食堂油烟及现场锅炉产生的扬尘

光污染源　　　　　　　　　　　　　　　　　　　　　　　表 5-7

建筑类型	施工阶段光污染源
普通钢结构建筑	1）夜间施工时，现场照明未采取遮挡措施，给附近住宅造成光污染。 2）施工区和生活区未进行有效隔离，生活区受到施工区带来的光污染。 3）夜间模板施工造成光污染。 4）夜间脚手架施工造成光污染。 5）钢筋除锈、切割、焊接时未采取遮光措施。造成光污染。 6）现场焊接作业，电弧光外泄造成光污染
装配式钢筋混凝土结构建筑	1）夜间施工时，现场照明未采取遮挡措施，给附近住宅造成光污染。 2）施工区和生活区未进行有效隔离，生活区受到施工区带来的光污染。 3）钢筋除锈、切割、焊接时未采取遮光措施，造成光污染。 4）现场焊接作业，电弧光外泄造成光污染

续表

建筑类型	施工阶段光污染源
装配式钢结构建筑	1）夜间施工时，现场照明未采取遮挡措施，给附近住宅造成光污染。 2）施工区和生活区未进行有效隔离，生活区受到施工区带来的光污染。 3）现场焊接作业，电弧光外泄造成光污染

噪声源　　　　　　　　　　　　　　　　　　　　　　　　表 5-8

建筑类型	施工阶段噪声源
普通钢结构建筑	1）施工现场搅拌站、木加工场、钢筋加工棚未采取隔声措施，产生噪声。 2）土方及基础工程相关施工机械噪声超限。 3）模板装卸、支设、拆除过程产生噪声。 4）钢筋装卸、除锈、机械连接过程产生噪声。 5）混凝土浇筑、振捣过程产生噪声。 6）砂浆制备过程产生噪声。 7）脚手架搭设和拆除过程中产生噪声。 8）施工现场焊接作业产生噪声。 9）施工过程中大型机械设备噪声超限
装配式钢筋混凝土结构建筑	1）土方及基础工程相关施工机械噪声超限。 2）混凝土浇筑、振捣过程产生噪声。 3）砂浆制备过程产生噪声。 4）施工现场焊接作业产生噪声。 5）施工过程中大型机械设备噪声超限
装配式钢结构建筑	1）土方及基础工程相关施工机械噪声超限。 2）施工过程中大型机械设备噪声超限。 3）施工现场焊接作业产生噪声

水、土污染源　　　　　　　　　　　　　　　　　　　　表 5-9

建筑类型	施工阶段水、土污染源
普通钢结构建筑	1）施工现场未做好油污、污水处理设施，如未设置化粪池、沉淀池及隔油池等处理设施。 2）施工现场废水未分类处理，而是采用同一管道进行排放。 3）施工现场污水、废水未经检验达标或未进行达标处理就向外排放。 4）模板工程所用的隔离剂、脱模剂保管不当造成水土污染。 5）模板清理时，处理不当，造成水污染。 6）混凝土养护现场，养护污水未经处理造成污染。 7）制备砂浆时，因操作不当造成水土污染。 8）脚手架维护所用油漆、稀料保管不当造成水土污染
装配式钢筋混凝土结构建筑	1）施工现场未做好油污、污水处理设施，如未设置化粪池、沉淀池及隔油池等处理设施。 2）施工现场废水未分类处理，而是采用同一管道进行排放。 3）施工现场污水、废水未经检验达标或未进行达标处理就向外排放。 4）制备砂浆时，因操作不当造成水土污染
装配式钢结构建筑	1）施工现场未做好油污、污水处理设施，如未设置化粪池、沉淀池及隔油池等处理设施。 2）施工现场废水未分类处理，而是采用同一管道进行排放。 3）施工现场污水、废水未经检验达标或未进行达标处理就向外排放。 4）涂装工程所用防腐漆、防火漆保管不当造成水土污染

　　施工阶段节材与材料利用、节水与水资源利用、节能与能源利用、节地与施工用地保护等非绿色因素分析见表5-10～表5-13。在表中分别对普通钢结构建筑、装配式钢筋混凝土结构建筑以及装配式钢结构建筑在施工阶段非绿色因素进行了对比，突出了装配式钢结构建筑在节材、节水、节能、节地方面的优势。

节材方面的非绿色因素分析

表 5-10

建筑类型	施工阶段节材与材料利用的非绿色因素分析
普通钢结构建筑	1）现场施工产生的满足回填要求的渣土未得到利用。 2）模板选型时，在可选范围内，未选择周转次数最多的类型。 3）模板保存不当，造成大量损耗。 4）现场堆放的钢筋，因保护不当造成严重锈蚀。 5）钢筋下料设计不当，造成浪费。 6）现场制备的砂浆未能及时使用造成浪费。 7）未采取防止砂浆洒落的措施，且未对洒落的砂浆进行回收再利用。 8）脚手架未采取有效的防锈蚀措施。 9）办公区办公用品未采取有效节约措施
装配式钢筋混凝土结构建筑	1）现场施工产生的满足回填要求的渣土未得到利用。 2）现场制备的砂浆未能及时使用造成浪费。 3）未采取防止砂浆洒落的措施，并未对洒落的砂浆进行回收再利用。 4）办公区办公用品未采取有效节约措施。 5）构件现场拼装时存在较大误差
装配式钢结构建筑	1）焊接作业时，因焊接工艺不当造成焊条大量浪费。 2）涂装作业不规范，造成防腐漆、防火漆浪费。 3）力矩螺栓在紧固后留下的卡头，未能进行收集与处理。 4）构件现场拼装时存在较大误差。 5）办公区办公用品未采取有效节约措施

节水方面的非绿色因素分析

表 5-11

建筑类型	施工阶段节水与水资源利用的非绿色因素分析
普通钢结构建筑	1）施工现场输水管线未做好保护措施，产生阀门损坏、渗漏等现象。 2）办公区、生活区未采用节水型器具，造成水资源浪费。 3）现场区域卫生打扫、绿化灌溉、清洗等未采用雨水、生产废水与食堂废水。 4）木模板在浸水湿润时，用水过多。 5）现场砂浆制备过程中造成用水浪费。 6）混凝土养护采用直接浇水的方式
装配式钢筋混凝土结构建筑	1）施工现场输水管线未做好保护措施，产生阀门损坏、渗漏等现象。 2）办公区、生活区未采用节水型器具，造成水资源浪费。 3）现场区域卫生打扫、绿化灌溉、清洗等未采用雨水、生产废水与食堂废水。 4）现场砂浆制备过程中造成用水浪费
装配式钢结构建筑	1）施工现场输水管线未做好保护措施，产生阀门损坏、渗漏等现象。 2）办公区、生活区未采用节水型器具，造成水资源浪费。 3）现场区域卫生打扫、绿化灌溉、清洗等未采用雨水、生产废水与食堂废水

节能方面的非绿色因素分析	表 5-12

建筑类型	施工阶段节能与能源利用的非绿色因素分析
普通钢结构建筑	1）现场照明未采用节能型照明设备。 2）未能利用施工现场地热、太阳能、风能等绿色能源。 3）现场出现长明灯。 4）未能根据施工现场作业强度、作业条件选择合适功率的施工机械。 5）现场施工机械不能连续作业，导致空载运行。 6）模板堆放不合理，导致二次搬运较多。 7）建筑材料（如水泥、砂子）没有按照就近原则采购。 8）混凝土工程冬期施工需要搭设暖棚以及设置加热设备。 9）脚手架随用随运，塔吊利用率低
装配式钢筋混凝土结构建筑	1）现场照明未采用节能型照明设备。 2）未能利用施工现场地热、太阳能、风能等绿色能源。 3）现场出现长明灯。 4）未能根据施工现场作业强度、作业条件选择合适功率的施工机械。 5）现场施工机械不能连续作业，导致空载运行。 6）建筑材料（如水泥、砂子）没有按照就近原则采购
装配式钢结构建筑	1）现场照明未采用节能型照明设备。 2）未能利用施工现场地热、太阳能、风能等绿色能源。 3）现场出现长明灯。 4）未能根据施工现场作业强度、作业条件选择合适功率的施工机械。 5）现场施工机械（塔吊、电焊机）不能连续作业，导致空载运行

节地方面的非绿色因素分析	表 5-13

建筑类型	施工阶段节地与施工用地保护的非绿色因素分析
普通钢结构建筑	1）施工现场临时设施的选址与建设面积不合理。 2）施工现场存在过宽或者没有必要的临时道路。 3）机械运行路线未能与永久道路相结合，造成重复建设。 4）建筑材料（如水泥、砂子等）一次性进场过多，导致占用场地量较大。 5）模板现场加工，机械和材料占场地多。 6）钢筋堆放不合理导致场地利用率低。 7）砂浆的现场制备占用大量施工场地。 8）脚手架堆放无序，场地利用率低
装配式钢筋混凝土结构建筑	1）施工现场临时设施的选址与建设面积不合理。 2）施工现场存在过宽或者没有必要的临时道路。 3）机械运行路线未能与永久道路相结合，造成重复建设。 4）建筑材料（如水泥、砂子等）一次性进场过多，导致占用场地量较大。 5）砂浆的现场制备占用大量施工场地。 6）构件一次性入场较多，导致占用施工场地多，部分构件长时间闲置。 7）构件吊装时，底部拖地，造成施工场地破坏
装配式钢结构建筑	1）施工现场临时设施的选址与建设面积不合理。 2）施工现场存在过宽或者没有必要的临时道路。 3）机械运行路线未能与永久道路相结合，造成重复建设。 4）构件一次性入场较多，导致占用施工场地多，部分构件长时间闲置。 5）构件吊装时，底部拖地，造成施工场地破坏。 6）涂装工程施工时易造成场地的破坏及污染

5.3.2 专项方案

针对装配式钢结构建筑建造过程中非绿色因素的分析，制定"四节能一环保"的绿色施工专项方案。

1. 环境保护专项方案

1）扬尘控制专项方案

① 施工现场主要道路应根据用途采用 15cm 厚 C20 混凝土进行硬化处理。对于次要道路，采用机械压实后用砖或碎石铺设。针对可能产生沙尘飞扬的裸露土层场地可采用绿化措施。

② 四级以上大风天气，不得进行土方回填、转运及其他可能产生扬尘污染的施工作业。

③ 建筑物内的零散碎料和垃圾渣土要及时清理，并且要封闭存放，防止洒落造成扬尘。

④ 依据现场场地状况，适当配置洒水车（至少 2 辆），每隔一定时间，派专人用洒水车对道路进行清扫、洒水降尘、以便使周边空气保持清洁。

⑤ 从事土方、渣土和施工垃圾运输的车辆采用密闭式运输车，工地出入口附近必须设置防止运输车辆带渣土出工地的设施，并对出门车辆进行清洗，如图 5-27 所示，杜绝运输车辆带泥土上路。

⑥ 施工现场应建立封闭式垃圾站，如图 5-28 所示，生产和生活垃圾要分开存放。对建筑物内的施工垃圾进行集中装袋，每层设置 1～2 个垃圾箱，如图 5-29 所示，并采用封闭式临时专用垃圾道运输，或者密闭容器吊运。

图 5-27　施工现场车辆冲洗

图 5-28　密闭式垃圾站　　　　图 5-29　楼层垃圾箱

垃圾站要求：分别存放建筑垃圾和生活垃圾，若因场地狭小无法搭设封闭式垃圾站，现场可设置建筑垃圾临时存放处，但垃圾必须袋装或者遮盖严密。

施工现场密闭式垃圾站尺寸：6m×5m×4m（长×宽×高）。

施工现场密闭式垃圾站材料：采用陶粒空心砖作为墙体，顶采用瓦楞铁，门采用平开式双扇门，垃圾站地面要硬化处理。

⑦ 办公区、生活区垃圾箱设置：施工现场统一购买垃圾箱，每 3 个垃圾箱分为一组（可回收的绿色废物箱，不可回收的黄色废物箱，有毒有害的红色废物箱，绿色、黄色以及红色 3 种不同颜色的废物箱为一组）。施工现场办公区设置 1 组，生活区应根据人数的不同而设置，一般 200 人以下设置 1 组，200～500 人设置 2 组，500 人以上设置 3 组。在食堂、饮水区、洗碗处设置塑料桶存放饭菜及液体垃圾。

⑧ 废气排放应满足国家或地区的最低排放标准，包括施工车辆、机械设备的尾气等，同时尽可能的降低尾气中的有害成分，可以采取如下措施：采用新能源机械替代现有燃油设备，车辆机械等安装尾气净化装置，同时现有车辆、机械设备要定期检查维护，发现问题及时修理。

⑨ 在施工现场制作标识牌，严禁在施工现场焚烧建筑垃圾以及其他能够产生有毒有害烟尘、恶臭气体的物质。

⑩ 防腐、防火涂装尽量在封闭空间内集中进行，密闭空间内应设置除尘、通风装置。

2）光污染控制专项方案

① 科学合理地安排作业时间，尽量避免夜间施工，一般将施工作业时间安排在 6：00～22：00。必要时，夜间施工要合理调整灯光的照射方向并采取遮挡措施（如：安装定型灯罩），减少对施工现场周围居民生活的干扰。

② 为了避免电弧光外泄，在高处进行焊接作业时应采取遮挡措施，用遮光布制作 2m×2m×2.5m（长×宽×高）的遮光棚，如图 5-30 所示，即可容纳一个焊接工人作业。

③ 塔吊上的镝灯要控制角度朝下，如图 5-31 所示，避免照射附近住宅及生活区。

④ 应科学合理地布置施工现场，生活区域施工区要有明显的界限并采取围挡措施。

图 5-30　遮光棚　　　　　　　　图 5-31　塔吊上的灯照方向

3）噪声污染控制专项方案

建筑施工噪声的定义：建筑工地现场产生的环境噪声，施工车辆、机械设备等在施工过程中可能产生的干扰周围生活环境的较大声音[11]。建筑施工现场的噪声具有突发性、普遍性以及非永久性等一般性特点，此外，它还具有强度大、技术强制性强、持续时间集中、控制难度大等特殊性特点，噪声主要来源于施工设备。

根据研究，在建筑施工时，各施工阶段主要施工设备见表 5-14 所列。一般认为施工设备的噪声在 85dB（A）以下是可以接受的[12]，通过对施工设备在正常工作时的情况进行调查监测，得到各种主要施工设备的声级范围[13]，见表 5-15 所列。《建筑施工界噪声标准》GB 12523—90 中规定，不同施工阶段，噪声限值不同，夜间施工除打桩阶段为禁止施工外，其他阶段噪声限值为 55dB，白天打桩阶段施工噪声限值为 85dB，具体见表 5-16 所列的建筑施工场界噪声限值[14]。通过对比表 5-15 与表 5-16 的数据得出：施工现场施工设备的平均声级超过国家规定施工场界噪声限值 0～25dB（A）不等，因此有必要采取针对性措施，将施工设备的声级控制在噪声限值以内。

为了将施工设备的声级控制在噪声限值以内，可以采取吸声、消声、隔声、隔振四种降低噪声的技术[15]，可以有效的降低施工机械的声级，达到降噪的目的。

① 吸声降噪技术：吸声降噪是指采用吸声的材料吸收噪声、降低噪声强度的方法。泡沫材料、颗粒材料、纤维材料等作为特殊的吸声材料，其吸收的噪声相比普通材料较高，可降噪 5～20dB（A）。根据施工现场检测结果，在建筑施工现场打桩机等高噪声施工机械附近可设置吸声屏，能降低噪声 15dB（A）。

② 消声降噪技术：消声降噪是指采用消声器降低噪声的方法，其具体的措施为：在产生空气动力性如通风机、压风机等中、高频噪声源的施工机械中安装消声器，根据消声方法的不同可以将消声器分为阻性消声器、缓冲消声器、抗性消声器以及扩散消声器等，可以降低噪声 10～30dB（A）。

③ 隔声降噪技术：隔声降噪是在声源至接受者之间利用屏蔽物来阻断噪声传播的一种方法。在建筑施工现场，利用隔声材料制成的隔声构件将施工机械噪声源与周围环境隔离，使施工噪声控制在隔声间（由隔声构件围成的密闭空间）内，以便减小噪声对周围环境的污染程度与范围。隔声间由 12～24cm 厚的砖墙构成，其隔声量为 30～50dB（A），隔声罩由 1～3mm 厚的钢板制成，隔声量为 10～20dB（A）。为了更好的提高隔声效果，可以在钢板内表用吸声层，外表用阻尼层处理。

④ 隔振降噪技术：隔振降噪是指在施工机械设备与联接部或基础之间采用弹簧减振、阻尼减振、管道减振、橡胶减振技术来降低噪声的一种方法。这种方法可以减振至原动量的 1/10～1/100，降噪 20～40dB（A），比较适用于挖掘机、推土机以及各种起重机械等机械设备。

各施工阶段的主要施工设备　　　　　　　　　　　　　　表 5-14

施工阶段	主要施工机械
土方开挖阶段	推土机、挖掘机、装载机、各种运输车辆等
打桩阶段	各种打桩机或灌桩机、运输车辆等
主体施工阶段	各种类型起重机、电焊机、电锯、切割机、各种发电机、运输车辆等
装饰装修阶段	塔吊、升降机、切割锯、打磨机、电锯及各种运输车辆等

主要施工设备声级范围　　　　　　　　　　　　　　表 5-15

主要施工设备	声级范围 dB（A）
推土机、挖掘机、装载机及各种运输车辆	85～100
打桩、灌桩机	95～105

续表

主要施工设备	声级范围 dB（A）
电锯	95～110
电焊机、打磨机	85～95
塔吊及其他类型起重机	65～70
发电机	95～110

建筑施工场界噪声限值 表 5-16

施工阶段	主要噪声源	噪声限值（dB）	
		昼间	夜间
土方开挖	推土机、挖掘机、装载机等	75	55
打桩	各种打桩机	85	禁止施工
主体施工	塔吊及其他类型起重机、电焊机等	70	55
装饰装修	吊车、升降机等	85	55

4）水、土污染控制专项方案

① 施工现场应具有有效的排污系统，污水与雨水分别设置管网分类排放，禁止将非雨水的其他水体排进市政雨水管网。

② 施工现场生活区的厕所设置化粪池，厕所产生的污水经分解沉淀后，方可通过施工现场内的管线排入市政污水管线，并使用清洁车定时对化粪池进行处理。

③ 施工现场生活区设置食物残渣桶，并定时进行处理，禁止将食物残渣排入市政管线。在食堂洗碗处设置隔油池，每天派人清扫，并一同收入食物残渣桶。

④ 运输车辆清洗处设置沉淀池，沉淀池的规格为：3m×2m×2m（长×宽×深），每周 2 次定期对池内沉淀物进行清除。在施工现场临时道路附近设置排水沟，控制污水流向，未经沉淀处理的污水禁止排入市政污水管线，同时，未经处理的施工废水也严禁直接排入市政污水管线。

⑤ 保护地表土壤以防侵蚀、流失。施工过程中产生的裸土，应及时覆盖或种植速生草种，将对土壤的破坏程度降低到最低；施工过程中造成地表径流土壤流失，应及时采取措施，如设置排水沟、稳定斜坡、覆盖植被等保护措施，减少土壤流失。

⑥ 加强对施工现场油料和化学品的管理，应设置专门的有防渗漏处理地面的库房，在油料使用时要采取保护措施，严禁随意倾倒造成跑、冒、滴、漏污染水土。

⑦ 用油的机械设备下方设置接油盘，如图 5-32 所示，接油盘大小根据机械设备而定，防止机械用油污染土地。

⑧ 对于电池、油漆、涂料等具有有毒、有害的废弃物质，要及时回收，并交给有资质的单位处理，不能随意丢弃，污染水土。

2. 节材专项方案

图 5-32 施工机械接油盘

1）焊接作业采用工序化操作，在严格遵守相应环境温度要求下进行焊接。设立焊条保管、领取、使用制度，对可以废弃焊条的长度进行规定，提高焊条利用率。

2）涂装作业严格按照施工标准施工，严格遵照施工对温度、湿度和时间的要求进行。

3）力矩螺栓在拧紧至设计强度后断开的卡头，应及时进行收集和处理。

4）成型后的构件应先在工厂进行预拼装，发现问题及时纠正，防止运输到施工现场后再进行返修。

5）成品构件保护措施。

成品构件加工成型，在从工厂运输到施工现场的过程中应采取措施，将构件各支点抄实，以防因震动而使产品变形。

构件在运输、堆放过程中应设置专用胎架。构件装卸，吊运时应轻拿轻放，搁置点、捆绑点均需加软垫。对于型钢的吊装，应在各吊装点安装护角器，严禁使用钢丝直接捆扎在构件上。

运输、转运、吊装、拼装应采取防碰撞措施，例如转运和吊装时的吊点及堆放时的搁置点应通过计算确定，防止碰撞、冲击而产生局部变形。

6）办公用品节约措施。

办公用纸除正式资料外，一律双面复印，对于一些不重要的资料，可以利用印废的纸复印，提倡节约反对浪费并由专人负责检查。

办公用笔一律采取可换笔芯的笔，凡是还能正常使用的笔，不准随意丢弃。

办公区、生活区都应设有可回收垃圾箱，专门收集纸张、报纸等废弃物，如图 5-33 所示，并由专人负责集中回收，交于相关回收部门回收再利用。

7）施工现场的办公及生活用房，应采用可周转的活动房，现场围护结构应采用可重复使用的围挡，同时最大限度地利用已有围墙。

图 5-33　办公区垃圾箱的设置

图 5-34　太阳能路灯

3. 节能专项方案

1）施工现场安装节能型照明设备，如在生活用房中安装节能灯具、感应开关等。还应根据建筑工地当地环境和自然条件，充分利用太阳能，地热等可再生资源，如图 5-34 所示，在施工现场设置太阳能路灯。

2）施工现场中，具体施工区域安排专人负责照明设备的开关，严禁出现长明灯。生活区域使用的节能灯具在满足照明要求同时减少用电量，由专人负责对现场照明用电采用专闸控制，白天最晚在 8：00 后拉闸断电，晚上随季节和天气确定合闸供电的时间。

3）施工现场的办公区制定严格的用电制度，做到人走灯灭，下班后及时关闭电脑、复印机、打印机等办公用品，并派专人进行检查。制定严格的空调使用制度，规定：禁止开启空调的温度为 18～30℃；在夏季，禁止将空调温度设置为低于 26℃；在冬季，禁止将空调温度设置为高于 20℃。

4）施工现场生活区的食堂采用节能型设计的灶具，对燃油实施定量化采购，并由专人专职对燃油的消耗情况做好记录，定期检查，若是发生实际使用量超过计划使用量时，应及时分析原因，针对特定的原因采取改进措施。

5）施工前要根据工程的具体情况进行施工机械选择的论证工作，根据作业情况及作业强度的不同选择施工机械的种类、型号及数量。例如：应选择功率与负载相匹配的施工机械；选择节电型机械设备，如逆变式电焊机和能耗低效率高的手持切割工具；机械设备选用节能型油料添加剂。

6）针对工期较长的大中型建设项目，可以在建筑工地上利用沼气技术，与农村沼气技术不同的是，建筑工地沼气技术主要利用部分建筑垃圾和生活垃圾发酵产生沼气，并用于工地生活与施工照明，以及食堂燃气的供应，不仅节省了电能、燃气，而且发酵完剩余的沼液、沼渣又可作为工地花草的肥料，具体如图 5-35 所示。

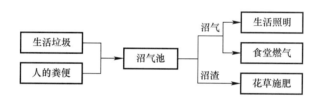

图 5-35　建筑工地沼气技术的利用模式

7）建筑工地应该优先选择国家及行业推荐的高效、节能环保的施工机械与其他设备，例如优先选择运用变频技术的空调。

8）做好施工进度计划，保证施工过程的紧凑性，不同施工机械要合理搭配，避免长时间误工。

9）针对经常处于轻载或轻重载交替下运行的汽车式起重机和塔吊，可以在其上加装限制电动机空载运行的装置，如增加电能回馈装置，以提高电动机在轻载或轻重载交替下运行时的效率和功率因数，这样不仅可以节约有功电能 5%～30%，还可以降低无功损耗 50%～70%。

10）针对长时间处于空载运行状态下的电焊机，可以在其上加装空载自动延时断电装置，以限制空载损耗。根据施工现场实测：在通常状况下，17～40kVA 的交流电焊机，装上空载自动延时断电装置后，每台电焊机按每天使用 8 小时计算，可节约有功电能 5～8kWh，无功电能 17～25kvarh。

4. 节水专项方案

1）根据施工现场实际情况，编制详细合理的施工现场临时用水方案，并根据用水量设计布置施工现场输水管线，采用合适的管径、合理的管路，并派专门人员进行定期检查，发现问题及时处理。

2）建筑工地的生活区与办公区采用节水系统，并配置节水型器具（例如在卫生间与盥洗池里安装节水型水龙头、缓闭冲洗阀以及用水量低的洗便器），提高节水器具的配置比率。在水源处安装计量装置，并设置明显的节水标志，采取针对性的节水措施。

3）在运输车辆进出口处对车辆进行冲洗，车辆冲洗处设置沉淀池，冲洗车辆所用的水经沉淀后进行二次利用（洒水降尘等），如图 5-36 为利用蓄水池中的水冲洗车辆。

4）施工现场应设置排水沟，用于集中施工废水和雨水，并且将排水沟的水排放至集水井，经过滤沉淀后，通过水泵将集水井中的水抽入蓄水池内，最后利用蓄水池中的水进行地面防尘，冲洗车辆等，图 5-37 为利用雨水进行降尘。

图 5-36　利用蓄水池中的水冲洗车辆　　　　图 5-37　雨水降尘

5）施工现场可以根据地形和土质条件设置蓄水池，蓄水池的一般规格为：池长 4m，池宽 3m，池高 3m，容积为 $36m^2$，可以根据施工现场平面布置图设置 2～3 个蓄水池。蓄水池可以用来集中施工废水和雨水，可以利用蓄水池中的存水进行地面防尘，冲洗车辆以及消防等。

6）建筑工地施工区与生活区的废水经过简单处理后进行二次利用，可以有效的节约水资源，其二次利用的途径设置如图 5-38 所示。

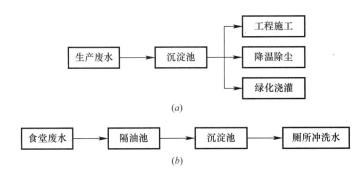

(a)

(b)

图 5-38　废水的二次利用途径

（a）第一种废水利用途径；（b）第二种废水利用途径

5. 节地专项方案

1）临时设施选址和建设面积的设计应参照施工组织设计中的人员编制和进度控制计划确定。多层轻型钢结构活动板房，钢骨架水泥结构活动板房等装配式的标准化结构都可应用于简单生活用房以及临时办公用房。

2）临时道路的设置以满足施工要求和消防要求为标准，避免设置过宽或在不必要的地方设置，一般情况下：单行道宽度不小于 3.5m，双行道宽度不小于 6.5m 即可。

3）为了达到保护土地资源，降低建筑施工垃圾的目的，应根据永久路线和临时路线相互结合的原则，来布置施工现场的临时道路，以避免过多的重复建设。同时，可将封闭的、连续的预制装配式轻型钢结构可移动围挡应用于施工现场的围墙结构。

4）依据施工先后顺序，构件分批入场，进场后尽快投入使用。堆放场地周转使用，提高施工场地利用率。

5）钢结构吊装时，构件应回转扶直，防止构件损坏，地面破坏。

6）涂装施工应集中在硬化地面进行，并设立隔离设施，防止洒落的涂料污染场地。

5.4　本章小结

本章依据装配式钢结构建筑建造特点，绘制了施工流程图，对施工能耗进行全面分析，建立了计算模型，结合施工流程图，利用 VB6.0 制作了装配式钢结构建筑施工能耗计算程序，便于装配式钢结构建筑施工能耗的计算。进行装配式钢结构建筑施工过程中非绿色因素的分析，提出装配式钢结构建筑"四节能一环保"的绿色施工专项方案，对装配式钢结构建筑施工提供有效的参考。

本章参考文献

[1]　Philip J. Davies，Stephen Emmitt，Steven K. Firth. Challenges for capturing and assessing initial embodied energy：a contractor's perspective [J]. Construction Management and Economics，2014，32（3）：290-308.

[2]　Manish K. Dixit，Charles H. Culp，Jose L. Fernández-Solís. System boundary for embodied energy in buildings：A conceptual model for definition [J]. Renewable and Sustainable Energy Reviews，2013（21）：153-164.

[3]　李思堂，李惠强. 住宅建筑施工初始能耗定量计算 [J]. 华中科技大学学报，2005，22（4）：54-56.

[4]　Chen T Y，Burnett J，Chau C K. Analysis of embodied energy use in the residential building of Hong Kong [J]. Energy，2001（26）：323-340.

[5]　K. Adalbertha. Energy use during the life cycle of buildings：a method [J]. Building and Environment，1997，32（4）：317-320.

[6]　Graham J. Treloar，Andrew McCoubrie. Embodied energy analysis of fixtures，fittings and furniture in office buildings [J]. Facilities，1999，17（11）：403-410.

[7]　Michael Gucwa，Andreas Schafer. The impact of scale on energy intensity in freight transportation [J]. Transportation Research Part D：Transport and Environment，2013，23：41-49.

[8]　文晓兵，浅谈建筑工程施工绿色施工技术应用 [J]. 施工技术，2014（6）：321-322.

[9]　建质［2007］223 号. 绿色施工导则 [S]. 中华人民共和国建设部，2007.

[10]　张帅. 建筑工程绿色施工问题研究 [D]. 上海，同济大学硕士学位论文，2009：1-116.

［11］ 卢汉生. 建筑施工噪声污染及其防治［J］. 建筑机械化，2008（7）：57-59.

［12］ 黄凯，柴毅. 施工企业的现场环境管理［J］. 重庆建筑大学学报，2004，26（3）：115-120.

［13］ 建筑施工场界环境噪声排放标准 GB 12523—2011［S］.

［14］ 建筑施工场界噪声限值 GB 12523—90［S］.

［15］ 刘美莲. 建筑施工噪声污染防治措施［J］. 环境保护，2007（7）：19-20.

第6章 评价指标权重的计算与分析

6.1 权重系数的计算方法

6.1.1 判断矩阵的建立

本节利用层次分析法的计算原理，建立指标重要性对比关系的判断矩阵。通过发放调查问卷，将回收的问卷进行处理，最终得到各个指标的权重系数。主要处理步骤为：将同一层次因素的关联分数形成判断矩阵，计算矩阵的特征值及特征向量，以及最大特征值对应的特征向量归一化后的结果对应因素的相关系数。

评价体系的权重主要通过发放问卷的形式获取，问卷形式分为纸质问卷和电子问卷两种，对沈阳市从事建筑工程行业的建设单位、施工单位及一些监督单位进行走访，对其他地区的一些相关单位采用邮件形式进行了专家问卷，由于评价体系指标较多，考虑效率因素，将评价体系分为准则层、指标层等多部分问卷分别发放，共回收约1100份问卷，通过一致性检验计算去除不合格问卷，确定问卷有效率约为90%。

另外，关于问卷的处理，在实际操作过程中，也发现了一些值得改进或者要说明的问题，例如，在多篇论文附录中给出的专家调查问卷，都是以表格形式列出关联指标，后由专家填写相应表格来完成问卷，课题组在实际调研过程中注意到一些并未接触过此种问卷的专家对表格形式的问卷表示无从下手，故，建议使用层次分析法的指标权重调查问卷应尽量改为提问的形式，这样使得问卷更加容易理解，一目了然，调查问卷样例见附录A；另外，在处理问卷过程中，注意到在层次分析法中，对于一组关联指标的多份问卷如何处理的问题，一般仅提出用算数平均值或者几何平均值计算，而对于何时进行平均处理并没有明确的规定，为此从收回的问卷中随机抽取5份针对同一组指标的问卷，形成判断矩阵，如表6-1所列，以此来验证此问题。

对5组数据分别进行先计算平均矩阵再进行权重求解和先进行权重求解，再求权重平均数的处理，有表6-2～表6-4的结果。

5 份调查问卷									表 6-1
问卷一	A	B	C	D	问卷二	A	B	C	D
A	1	1	1/9	1/3	A	1	1	1/7	1/3
B	1	1	1/9	1/3	B	1	1	1/7	1/3
C	9	9	1	9	C	7	7	1	5
D	3	3	1/9	1	D	3	3	1/5	1

问卷三	A	B	C	D	问卷四	A	B	C	D
A	1	2	1/9	1/3	A	1	2	1/9	1/5
B	1/2	1	1/8	1/3	B	1/2	1	1/9	1/3
C	9	8	1	9	C	9	9	1	9
D	3	3	1/9	1	D	5	3	1/9	1

问卷五	A	B	C	D
A	1	2	1/9	1/3
B	1/2	1	1/9	1/5
C	9	9	1	9
D	3	5	1/9	1

先计算权重结果 表 6-2

分别计算系数结果	第一组	第二组	第三组	第四组	第五组
A	0.0598	0.073	0.076	0.075	0.0598
B	0.0598	0.054	0.076	0.072	0.0598
C	0.7405	0.7306	0.657	0.6655	0.7405
D	0.1399	0.1424	0.1911	0.1875	0.1399

先计算平均值结果 表 6-3

	A	B	C	D
A	1	1	1/9	1/3
B	1	1	1/9	1/3
C	9	9	1	8
D	4	4	1/8	1

结果对比 表 6-4

后平均权重	先平均权重	后平均权重	先平均权重
0.0617	0.0582	0.1646	0.1669
0.0629	0.0582	1	1
0.7109	0.7167		

从表 6-4 对比结果可以看出，两种计算方法结果虽然存在差异，但反映的权重关系基本一致，权重系数和不为 1 是因小数取舍位数而造成，综合考虑，认为两种计算方法的结果一致。因此，选取较为简单的方法，即先进行权重求解，再求权重平均数。

6.1.2 判断矩阵一致性检验

层次分析法的优势在于将决策者的定性思维过程定量化，但由于开展的是装配式钢结构建筑施工与安装技术评价，评价对象属于复杂系统，评价人不可避免存在认识上的多样性和片面性，而九级标度并不能保证所得判断矩阵的一致性，必须进行一致性检验，以确定指标权重之间的相容性。

检查判断矩阵的一致性程度，首先计算其一致性指标 CI，其表达式见（2-4）。

之后，对照表 2-2 查找相应的平均随机一致性指标 RI。

再计算一致性比例 CR，其表达式见式（2-5）。当 CR<0.1，则认为判断矩阵的一致性是可以接受的。

6.2 各层评价指标的权重系数

通过上述求解各层指标权重系数的计算方法，可以得到装配式钢结构建筑施工与安装技术评价体系的准则层、指标层的权重见表 6-5～表 6-7 所列。

准则层和指标层的权重系数 表 6-5

序号	准则层	权重系数	序号	指标	权重系数	序号	指标	权重系数
I	技术性能	0.2971	1	安全控制	0.2395			
			2	质量控制	0.4981			
			3	标准化程度	0.0895	①	构件部品标准化	0.5
						②	连接构造标准化	0.5
			4	施工建造装配化	0.132	①	构件预制率、部品装配率	0.65
						②	机械化程度	0.35
			5	组织管理科学化	0.0409			
II	经济性能	0.5809	1	现金成本控制	0.3874	①	投资回收期	0.067
						②	现场管理优化	0.092
						③	施工方案优化	0.079
						④	人、材、机费用控制	0.405
						⑤	签证监督	0.106
						⑥	索赔控制	0.251
			2	资源投入配置控制	0.1692	①	人员资源配置	0.171
						②	材料资源配置	0.401
						③	机械资源配置	0.358
						④	信息管理资源配置	0.07
			3	工期优化	0.4434	①	组织措施	0.083
						②	技术措施	0.083
						③	合同措施	0.41
						④	经济措施	0.424
III	绿色可持续性	0.0618	1	不可再生资源投入	0.32			
			2	绿色施工	0.68	①	施工管理	0.2857
						②	环境保护	0.1429
						③	节材与材料资源利用	0.1429
						④	节水与水资源利用	0.1429
						⑤	节能与能源利用	0.1429
						⑥	节地与施工用地保护	0.1429
IV	产业政策效应	0.0602	1	政策导向	0.5			
			2	产业带动作用	0.5			

质量控制模块评价指标的权重系数

表 6-6

序号	准则层	权重系数	序号	指标	权重系数	序号	指标	权重系数	序号	指标	权重系数
I	基础与土方工程	0.2577	1	性能检测	0.35		普通地基				
						①	地基强度	0.2007			
						②	压实系数	0.1207			
						③	注浆体强度	0.0744			
						④	地基承载力	0.6042			
							复合地基				
						①	桩体强度	0.4546			
						②	桩体干密度	0.0909			
						③	复合地基承载力	0.4545			
							桩基				
						①	单桩竖向承载力	0.3333			
						②	桩身完整性	0.6667			
			2	质量记录	0.35	①	材料、预制桩合格证（出厂试验报告）及进场验收记录	0.3333			
						②	施工记录	0.3333			
						③	施工试验记录	0.3334			
			3	观感质量	0.05		地基、复合地基				
						①	标高	0.4286			
						②	表面平整	0.1428			
						③	边坡	0.4286			
							桩基				
						①	桩头	0.6483			
						②	桩顶标高	0.122			
						③	场地平整	0.2297			
			4	尺寸偏差	0.25	①	地基工程	0.6483	a、普通地基	基底标高允许偏差	0.5
										长度、宽度允许偏差	0.5
									b、复合地基、桩基	桩头标高偏差	0.5816
										桩位偏差	0.4184
						②	土方工程	0.122	a	土方开挖	0.4
									b	土方回填	0.6
						③	支护工程	0.2297	a、排桩墙支护工程	桩垂直度	0.5
										桩身弯曲度	0.5
									b、水泥土桩墙支护工程	型钢长度	0.125
										型钢垂直度	0.125
										型钢插入标高	0.375
										型钢插入平面位置	0.375
									c、锚杆及土钉墙支护工程	锚杆土钉长度	0.0827
										锚杆锁定力	0.2585

序号	准则层	权重系数	序号	指标	权重系数	序号	指标	权重系数	序号	指标	权重系数
I	基础与土方工程	0.2578	4	尺寸偏差	0.25	③	支护工程	0.2297	c、锚杆及土钉墙支护工程	锚杆或土钉位置	0.2585
										钻孔倾斜度	0.1528
										墙体强度	0.2475
									d、钢或混凝土支撑系统	支撑位置	0.2857
										围图标高	0.2857
										立柱位置	0.2857
										开挖超深	0.1429
II	主体工程	0.4889	1	性能检测	0.3	①	钢结构焊接工程	0.113	a	钢构件焊接工程	0.8
									b	焊钉（栓钉）焊接工程	0.2
						②	紧固件连接工程	0.1013	a	普通紧固件连接	0.1667
									b	高强度螺栓连接	0.8333
						③	钢零件及钢部件加工工程	0.041	a	切割	0.3564
									b	边缘加工	0.1936
									c	矫正和成型	0.3257
									d	制孔	0.1243
						④	钢构件组装工程	0.071	a	焊接 H 型钢	0.1494
									b	端部铣平及安装焊缝坡口	0.070
									c	组装	0.2430
									d	钢构件外形尺寸	0.5376
						⑤	钢构件预拼装工程	0.0266			
						⑥	钢结构安装工程	0.1633	a	基础和支承面	0.8
									b	安装和校正	0.2
						⑦	涂装工程	0.2295	a	防腐涂料涂装	0.1667
									b	防火涂料涂装	0.8333
						⑧	材料要求	0.2543	a	钢材	0.75
									b	焊接材料	0.25
			2	质量记录	0.35	①	钢结构材料合格证（出厂检验报告）及进场验收记录	0.2098	a	材料要求	0.8
									b	焊接工程	0.2
						②	施工记录	0.55	a	钢结构焊接工程	0.6267
									b	钢零件及钢部件加工工程	0.0936
									c	紧固件连接工程	0.2797
						③	施工试验	0.2402	a	材料要求	0.4228
									b	焊接工程	0.1744
									c	紧固件连接工程	0.2656
									d	钢结构涂装工程	0.1372

续表

序号	准则层	权重系数	序号	指标	权重系数	序号	指标	权重系数	序号	指标	权重系数
II	主体工程	0.4889	3	观感质量	0.15	①	涂装工程	0.2725			
						②	材料要求	0.2142			
						③	焊接工程	0.1077			
						④	紧固件连接工程	0.0537			
						⑤	钢零件及钢部件加工工程	0.0823			
						⑥	组装工程	0.0407			
						⑦	安装工程	0.2289			
			4	尺寸偏差	0.2	①	预拼装的允许偏差	0.1667			
						②	安装工程	0.6666			
						③	安装和校正	0.1667			
III	装饰装修工程	0.0582	1	性能检测	0.45	①	外窗传热性能及建筑节能检测	0.3			
						②	与主体结构连接的预埋件及金属框架的连接检测	0.2			
						③	外墙块材镶贴的粘结强度检测	0.2			
						④	室内环境质量检测	0.3			
			2	质量记录	0.11	①	合格证、进场验收记录	0.125			
						②	施工记录	0.5			
						③	施工试验	0.375			
			3	观感质量	0.22	①	地面工程	0.1538			
						②	抹灰工程	0.1538			
						③	门窗工程	0.1538			
						④	细部	0.077			
						⑤	外檐	0.2308			
						⑥	室内观感	0.1538			
						⑦	涂饰工程	0.077			
			4	尺寸偏差	0.22	①	抹灰工程	0.375			
						②	门窗工程	0.25			
						③	地面工程	0.375			
			加分项：吊顶	性能检测	0.44	①	承载性能	0.56			
						②	耐湿热性	0.26			
						③	噪声声压级	0.18			
				质量记录	0.22						
				观感质量	0.23	①	色差	0.4			
						②	表面质量	0.6			
				尺寸偏差	0.11	①	边直度	0.41			
						②	高低差	0.34			
						③	系统平整度	0.25			

续表

序号	准则层	权重系数	序号	指标	权重系数	序号	指标	权重系数	序号	指标	权重系数
Ⅲ	装饰装修工程	0.0582	加分项：架空地板	性能检测	0.1376						
				质量记录	0.1645						
				观感质量	0.2484						
				尺寸偏差	0.4495	①	表面平整度	0.35			
						②	接缝处理	0.65			
			加分项：整体厨房	性能检测	0.27						
				质量记录	0.14						
				观感质量	0.23						
				尺寸偏差	0.36	①	接口施工精度	0.5			
						②	立面垂直度	0.5			
			加分项：整体卫浴	性能检测	0.27						
				质量记录	0.14						
				观感质量	0.23	①	壁板接缝	0.4			
						②	配件	0.4			
						③	外表	0.2			
				尺寸偏差	0.36	①	挠度	0.5			
						②	防水底盘安装	0.5			
Ⅳ	楼屋面工程	0.1103	1	性能检测	0.3	①	基层与保护层	0.1	a	找坡找平	0.16
									b	隔汽层	0.16
									c	隔离层	0.34
									d	保护层	0.34
						②	保温隔热层	0.3	a	保温层厚度	0.25
									b	隔热层质量及配合比	0.21
									c	保温材料质量	0.3
									d	隔热层尺寸偏差	0.24
						③	防水密封工程	0.2	a	材料质量	0.17
									b	渗漏和积水测试	0.63
									c	防水层尺寸偏差	0.2
						④	细部构造	0.2	a	排水破坏	0.4
									b	渗漏和积水测试	0.6
						⑤	与主体连接处理	0.2		栓钉连接	
									a	焊缝长度	0.4
									b	焊缝高度	0.3
									c	焊缝宽度	0.3
										四角弯筋连接	
									a	预埋件间距	0.4
									b	焊接尺寸	0.3
									c	预埋件完整度	0.3

序号	准则层	权重系数	序号	指标	权重系数	序号	指标	权重系数	序号	指标	权重系数
Ⅳ	楼屋面工程	0.1103	2	质量记录	0.3	①	材料合格证	0.4			
						②	型式质检报告	0.3			
						③	出进场验收质检报告	0.3			
			3	观感质量	0.2	①	防水材料	0.3333			
						②	密封材料	0.3333			
						③	细部构造	0.3334			
			4	尺寸偏差	0.2	①	排水坡度偏差	0.194			
						②	檐沟天沟纵向找坡偏差	0.0807			
						③	保护层厚度偏差	0.2050			
						④	表面平整度偏差	0.1081			
						⑤	缝格平直偏差	0.1193			
						⑥	接缝高低差	0.0967			
						⑦	板块间隙宽度偏差	0.1962			
Ⅴ	围护结构	0.0849	1	内外墙	0.4	轻质板材					
						①	性能指标	0.2946			
						②	质量记录	0.0845	a	出场合格证	0.5396
									b	性能等级的检测报告	0.2970
									c	隐藏工程验收记录	0.1634
						③	观感质量	0.0986			
						④	尺寸偏差	0.2385	a	轴线位置	0.3
									b	墙面垂直度	0.15
									c	表面平整度	0.15
									d	拼缝高差	0.2
									e	洞口偏移	0.2
						⑤	连接质量	0.2838	a	与梁、柱及楼面板的连接	0.3134
									b	接缝钢筋和接缝砂浆	0.1761
									c	拼缝处局部加强	0.2236
									d	钩头螺栓、角钢等防锈处理	0.2869
						薄板＋龙骨＋薄板					
						①	性能检测	0.2946	a	布置、分块、标识	0.1365
									b	水平切割尺寸	0.1864
									c	接缝缝隙大小	0.2385
									d	板间注密封胶质量	0.4386
						②	质量记录	0.0845	a	材料合格证和厂方自检报告检验	0.5396
									b	施工记录	0.2970
									c	锚栓拉拔强度试验	0.1634

序号	准则层	权重系数	序号	指标	权重系数	序号	指标	权重系数	序号	指标	权重系数
V	围护结构	0.0849	1	内外墙	0.4	③	观感质量	0.0986	a	表面观感质量应符合规定要求	0.5831
									b	焊缝观感质量应符合规定要求	0.4169
						④	尺寸偏差	0.2385	a	墙面垂直度	0.3831
									b	板表面平整度	0.1994
									c	板材立面垂直度	0.1813
									d	接缝直线度	0.0867
									e	接缝宽度	0.0387
									f	接缝高低差	0.1108
						⑤	连接质量	0.2838	a	竖向龙骨的连接件与预埋件焊接质量	0.55
									b	连接件焊接质量及防锈处理	0.15
									c	下端口与主体连接质量	0.15
									d	主龙骨与角钢、次龙骨连接质量	0.15
						薄板＋芯板＋薄板					
						①	性能检测	0.25			
						②	质量记录	0.15	a	材料进厂合格证和厂方自检报告检验	0.35
									b	墙板施工质量记录	0.65
						③	观感质量	0.15			
						④	尺寸偏差	0.15	a	立面垂直度	0.25
									b	表面平整度	0.25
									c	阴阳角方正度	0.25
									d	接缝高低差	0.25
						⑤	连接质量	0.3	a	板底加固质量	0.2
									b	预埋件、连接件的位置、数量及连接方法	0.3
									c	与主体结构的连接	0.5
				2	剪力墙	0.6	①	性能检测	0.3415	a	施工验算	0.1428
									b	吊装	0.4286
									c	连接	0.4286
						②	质量记录	0.0713	a	合格证、配套材料、连接件的质量证明文件	0.2098
									b	专项施工方案	0.55
									c	质量验收标志	0.2402
						③	观感质量	0.1248			
						④	尺寸偏差	0.4624	a	标高	0.2599
									b	中心位移	0.3275
									c	倾斜	0.4126

安全控制模块各级指标权重系数　　　　　　　表 6-7

序号	准则层	权重系数	序号	指标	权重系数	序号	指标（或准则层）	权重系数	序号	指标	权重系数
Ⅰ	安全管理	0.2076	1	安全生产责任制	0.1078	①	分级责任制	0.161			
						②	技术操作规程	0.0986			
						③	专职安全员配置	0.3073			
						④	安全生产资金保障制度	0.0898			
						⑤	安全资金使用计划	0.1046			
						⑥	安全生产管理目标	0.2396			
			2	应急救援	0.0505	①	重大危险源识别	0.46			
						②	应急救援演练	0.2211			
						③	应急救援设备	0.3189			
			3	安全检测	0.0933	①	建立安全检查制度	0.4			
						②	检测记录	0.2			
						③	整改复查	0.4			
			4	安全技术交底	0.1813						
			5	安全教育	0.1088						
			6	持证上岗	0.0477						
			7	安全生产事故处理	0.152						
			8	安全标志	0.0493						
			9	施工组织设计及专项方案	0.2093						
Ⅱ	文明施工	0.0238	1	现场围挡	0.1455	Ⅲ	脚手架	0.0824	1	施工方案	0.0866
			2	封闭管理	0.1455				2	架体基础及稳定	0.3282
			3	施工场地	0.1588				3	杆件设置	0.2597
			4	材料管理	0.1455				4	脚手板	0.097
			5	现场办公与住宿	0.4047				5	交底与验收	0.2285
Ⅳ	基坑工程	0.1637	1	施工方案	0.2147	Ⅴ	高处作业	0.141	1	安全保护设备	0.2923
			2	基坑支护	0.1328				2	洞口、通道口防护	0.252
			3	降排水	0.0745				3	攀登作业	0.1605
			4	基坑开挖	0.0937				4	悬空作业	0.1887
			5	坑边荷载	0.1192				5	移动式操作平台	0.1065
			6	安全防护	0.0683	Ⅶ	施工升降机	0.0902	1	安全装置	0.1341
			7	基坑监测	0.1667				2	限位装置	0.1116
			8	支撑拆除	0.0816				3	防护设置	0.1093
			9	作业环境	0.0485				4	附墙架	0.1171
Ⅵ	施工用电	0.0726	1	外电防护	0.1825				5	钢丝绳、滑轮、配重	0.0363
			2	接地接零保护	0.1886				6	安拆验收与使用	0.0887

续表

序号	准则层	权重系数	序号	指标	权重系数	序号	指标（或准则层）	权重系数	序号	指标	权重系数
VI	施工用电	0.0726	3	配电与开关箱	0.1739	VII	施工升降机	0.0902	7	导轨架	0.0972
			4	配电线路	0.1457				8	基础	0.2694
			5	配电室与配电装置	0.1865				9	通信装置	0.0363
			6	现场照明	0.067	VIII	塔式起重机	0.086			
			7	用电档案	0.0557	X	施工机具	0.04	1	手持电动工具	0.2
IX	起重吊装	0.0927	1	吊装方案	0.2039				2	电焊机	0.3
			2	起重机械	0.1134				3	桩工机械	0.5
			3	钢丝绳与地锚	0.2115						
			4	索具	0.1147						
			5	作业环境	0.0462						
			6	起重吊装	0.1433						
			7	构件码放	0.1154						
			8	警戒监护	0.0516						

6.3　基于 BP 神经网络的主体结构和围护结构评价指标的权重系数

主体结构和围护结构是装配式钢结构建筑中最为重要的组成部分，本节主要通过 BP 神经网络的方法，开展主体结构和围护结构指标权重系数的预测，进一步验证层次分析法所得到的权重系数。

6.3.1　主体结构指标权重系数预测

通过筛选分析调研得到的调查问卷数据，建立 BP 神经网络模型，利用装配式钢结构建筑主体结构部分：性能检测（A）、质量记录（B）、尺寸偏差及限值实测（C）、观感质量（D）四个方面的各自下一级指标权重系数对其对应指标权重系数进行预测。新的样本通过已建立的网络进行仿真，最后进行比对预测值和目标值，若精度满足要求，则说明调查问卷所取得的数据是可靠的。本节利用 matlab 软件进行权重系数的预测。

1. 性能检测 A 权重系数的预测

1）样本的选取

通过从房地产开发单位、设计单位、建筑施工单位广泛的调研，从得到的较为可靠的调查问卷中选取 12 组数据及 15 组数据作为学习样本进行训练 BP 神经网络。样本如表 6-8 和表 6-9 所示。

指标：A—钢结构工程性能检测

下一级指标：A1—材料要求　　　　　　　A6—钢构件预拼装工程

　　　　　　A2—钢结构焊接工程　　　　A7—多层及高层钢结构安装工程

　　　　　　A3—紧固件连接工程　　　　A8—压型金属板工程

A4—钢零件及钢部件加工工程　A9—钢结构涂装工程

A5—钢构件组装工程

性能检测 A 权重系数预测样本 1　　　　　　　　　　表 6-8

	A1	A2	A3	A4	A5	A6	A7	A8	A9	A
样本 1	0.2651	0.1177	0.1107	0.0305	0.0624	0.0466	0.1657	0.0248	0.1766	0.4292
样本 2	0.0615	0.2115	0.1057	0.0615	0.1993	0.0615	0.2540	0.0272	0.0179	0.4159
样本 3	0.2522	0.1166	0.1059	0.0388	0.0734	0.0254	0.1767	0.0210	0.1900	0.3956
样本 4	0.2556	0.2556	0.1610	0.1229	0.0671	0.0552	0.0393	0.0270	0.0162	0.4169
样本 5	0.2624	0.1062	0.0954	0.0358	0.0720	0.0227	0.1733	0.0281	0.2041	0.4101
样本 6	0.2197	0.1074	0.0934	0.0487	0.0820	0.0291	0.1876	0.0356	0.1964	0.3969
样本 7	0.2606	0.1944	0.1668	0.0390	0.0863	0.0606	0.1110	0.0250	0.0561	0.4986
样本 8	0.2947	0.1804	0.1573	0.0304	0.0615	0.0453	0.1028	0.0289	0.0987	0.4279
样本 9	0.2777	0.1088	0.1105	0.0286	0.0640	0.0414	0.1741	0.0227	0.1721	0.4011
样本 10	0.2486	0.1144	0.1020	0.0400	0.0728	0.0267	0.1644	0.0207	0.2103	0.3795
样本 11	0.2473	0.1140	0.1080	0.0397	0.0712	0.0265	0.1633	0.0206	0.2094	0.3836
样本 12	0.2489	0.1146	0.1002	0.0402	0.0732	0.0267	0.1646	0.0211	0.2104	0.3846

性能检测 A 权重系数预测样本 2　　　　　　　　　　表 6-9

	A1	A2	A3	A4	A5	A6	A7	A8	A9	A
样本 1	0.2651	0.1177	0.1107	0.0305	0.0624	0.0466	0.1657	0.0248	0.1766	0.4292
样本 2	0.0615	0.2115	0.1057	0.0615	0.1993	0.0615	0.2540	0.0272	0.0179	0.4159
样本 3	0.2522	0.1166	0.1059	0.0388	0.0734	0.0254	0.1767	0.0210	0.1900	0.3956
样本 4	0.2556	0.2556	0.1610	0.1229	0.0671	0.0552	0.0393	0.0270	0.0162	0.4169
样本 5	0.2624	0.1062	0.0954	0.0358	0.0720	0.0227	0.1733	0.0281	0.2041	0.4101
样本 6	0.2197	0.1074	0.0934	0.0487	0.0820	0.0291	0.1876	0.0356	0.1964	0.3969
样本 7	0.2606	0.1944	0.1668	0.0390	0.0863	0.0606	0.1110	0.0250	0.0561	0.4986
样本 8	0.2947	0.1804	0.1573	0.0304	0.0615	0.0453	0.1028	0.0289	0.0987	0.4279
样本 9	0.2777	0.1088	0.1105	0.0286	0.0640	0.0414	0.1741	0.0227	0.1721	0.4011
样本 10	0.2486	0.1144	0.1020	0.0400	0.0728	0.0267	0.1644	0.0207	0.2103	0.3795
样本 11	0.2473	0.1140	0.1080	0.0397	0.0712	0.0265	0.1633	0.0206	0.2094	0.3836
样本 12	0.2489	0.1146	0.1002	0.0402	0.0732	0.0267	0.1646	0.0211	0.2104	0.3846
样本 13	0.2565	0.1136	0.0992	0.0399	0.0725	0.0266	0.1631	0.0206	0.2081	0.3702
样本 14	0.2467	0.1146	0.1023	0.0401	0.0731	0.0267	0.1646	0.0213	0.2105	0.4516
样本 15	0.2489	0.1146	0.0997	0.0404	0.0733	0.0272	0.1648	0.0208	0.2104	0.4541

2）利用 Matlab 软件实现 BP 神经网络模型预测

① 建立 BP 人工神经网络模型

采用的 BP 神经网络的模型为单隐层网络结构：一个输入层、一个隐含层、一个输出层，其中输入层神经元的维数和物理量表示已知因变量的数目和内容，输出层神经元的维数和物理量代表需要解决问题的数量和答案。样本数据的选择直接关系到神经网络预测的结果，一般选取数据有以下几点要求：一是数据比较真实可靠，二是数据具有可比性，三是数据有连续性，可以连续采集，四是输入的不同影响因素数据之间没有逻辑相关性或者相关性很小。影响钢结构工程性能检测的影响因素有 9 个，即 A1～A9 九个三级指标层控制指标，所以输入层神经元个数为 9 个。而输出层只有一个影响因素即二级指标层控制指标，故输出层神经元个数为 1 个。

1987 年 RobertHechi 提出的理论[23]：隐层单元数为：

$$N = 2n + 1 \qquad (6\text{-}1)$$

其中，N 为隐单元；n 为输入节点数。

相关文献中提出的经验公式：

$$N = \sqrt{n + m} + a \qquad (6\text{-}2)$$

其中：m 为输出单元数；a 为 $[1, 10]$ 之间的常数。

除了上述两个公式可以确定隐含层神经元数目外，还有一种较为常用的方法可以用于确定隐含层神经元的数目。首先使隐含层神经元数目可变，或者在隐含层设置足够多的神经元，通过神经网络的训练将那些不起作用的神经元删除，直到仿真精度满足要求即可。同样，也可以在开始时将隐含层设置较少数量的神经元，经过一定次数的训练后，如果预测结果达不到设定要求，可以考虑适当增加隐含层神经元的数目，直到预测精度达到要求为止。结合这两种方法，并参考大量试验数据，用式（6-1）计算得到隐层单元数为 19，用式（6-2）计算得到隐层单元数为 13（取 $a = 10$），最终确定隐层单元数为 15 个节点。Matlab 软件仿真，BP 神经网络结构图见图 6-1 所示。

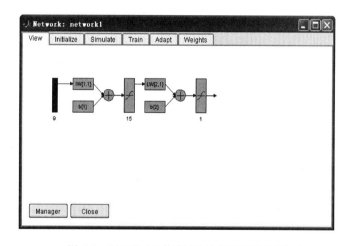

图 6-1　MATLAB 仿真 BP 神经网络结构图

BP 神经网络参数设置：输入层神经元数目为 9 个，隐含层神经元数目为 15 个，输出层神经元设置为 1 个；输入层到隐含层采用的传递函数为 tansig，隐含层到输出层采用的传递函数为 logsig，神经网络的训练采用的是 traingdx 函数；期望误差设置为 10^{-6}，训练次数设置为 10000 次。

② BP 人工神经网络预测结果

通过自编程序代入上述 12 组样本及 15 组样本进行训练，经过 10000 步的迭代运算，最终 12 组样本运算结果达到了目标精度要求，精度较好。性能检测指标 A 误差性能曲线、性能检测指标 A 预测值目标值误差对比曲线分别如图 6-2～图 6-5 所示。

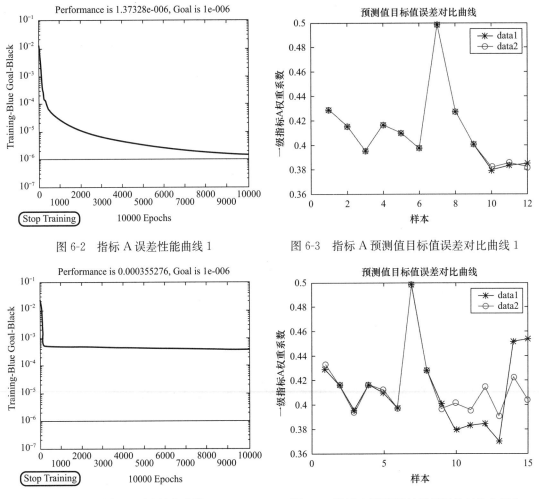

图 6-2　指标 A 误差性能曲线 1　　　　　图 6-3　指标 A 预测值目标值误差对比曲线 1

图 6-4　指标 A 误差性能曲线 2　　　　　图 6-5　指标 A 预测值目标值误差对比曲线 2

　　通过对比 12 组样本及 15 组样本计算结果的误差性能曲线，12 组样本的误差性能曲线接近期望误差 10^{-6}，而 15 组样本的误差性能曲线只是在期望误差 10^{-3} 附近，显然 12 组样本的预测效果较好。比较 12 组样本及 15 组样本计算结果的误差对比曲线，可以看到 12 组样本的预测值目标值较为接近，两条曲线较为吻合；而 15 组样本的预测值目标值在样本 10 之前较为吻合，在样本 10～样本 15 之间发生了突变。通过比较，可以定性得出 12 组样本预测结果较好。

　　12 组样本及 15 组样本预测结果与目标值都较为接近，如表 6-10～表 6-11 所列。定量的分析 12 组样本及 15 组样本计算结果，可以得出 12 组样本及 15 组样本的平均相对误差分别为 -0.0041%，-0.1014%，样本计算结果误差分析见表 6-12，显然是 12 组样本的计算误差较小，最为精确。

性能检测 A 权重系数预测结果 1

表 6-10

	样本 1	样本 2	样本 3	样本 4	样本 5	样本 6
A	0.4292	0.4159	0.3956	0.4169	0.4101	0.3969
A′	0.4303	0.4159	0.3972	0.4169	0.4083	0.3974

续表

	样本 1	样本 2	样本 3	样本 4	样本 5	样本 6
E	−0.0011	0	−0.0016	0	0.0018	−0.0005
	样本 7	样本 8	样本 9	样本 10	样本 11	样本 12
A	0.4986	0.4279	0.4011	0.3795	0.3836	0.3846
A′	0.4987	0.4277	0.4010	0.3815	0.3856	0.3819
E	−0.0001	0.0002	0.0001	−0.002	−0.002	0.0027

注：A-目标值，A′-预测值，E-目标值预测值之差。

性能检测 A 权重系数预测结果 2   表 6-11

	样本 1	样本 2	样本 3	样本 4	样本 5
A	0.4292	0.4159	0.3956	0.4169	0.4101
A′	0.4292	0.4159	0.3945	0.4169	0.4101
E	0	0	0.0011	0	0
	样本 6	样本 7	样本 8	样本 9	样本 10
A	0.3969	0.4986	0.4279	0.4011	0.3795
A′	0.3971	0.4987	0.4277	0.4010	0.3815
E	−0.0002	−0.0001	0.0002	0.0001	−0.002
	样本 11	样本 12	样本 13	样本 14	样本 15
A	0.3836	0.3846	0.3702	0.4516	0.4541
A′	0.3956	0.4143	0.3911	0.4234	0.4038
E	−0.0120	−0.0297	−0.0209	0.0282	0.0503

样本计算结果误差分析   表 6-12

	12 组样本	15 组样本
目标值预测值差值平均值	−0.000017	−0.000420
指标 A 权重系数平均值	0.411658	0.414387
平均相对误差	−0.0041%	−0.1014%

2. 质量记录 B 权重系数的预测

指标：B—结构工程质量记录

下一级指标：B1—钢结构材料合格证（出厂检验报告）及进场验收记录

               B2—施工记录   B3—施工试验

钢结构工程质量记录 B 权重系数的 12 组样本见表 6-13 所列。质量记录 B 误差性能曲线、质量记录 B 预测值目标值误差对比曲线分别如图 6-6 和图 6-7 所示。质量记录 B 的权重系数的 12 组样本预测结果与目标值较为接近，见表 6-14。

质量记录 B 权重系数预测样本   表 6-13

数量	B1	B2	B3	B
样本 1	0.2098	0.5499	0.2402	0.3826
样本 2	0.2000	0.6000	0.2000	0.4159

续表

数量	B1	B2	B3	B
样本 3	0.2098	0.5499	0.2402	0.4368
样本 4	0.2000	0.6000	0.2000	0.4169
样本 5	0.2500	0.5000	0.2500	0.3966
样本 6	0.1744	0.6337	0.1919	0.3767
样本 7	0.5584	0.3196	0.1220	0.2989
样本 8	0.2493	0.5936	0.1571	0.3139
样本 9	0.2970	0.5396	0.1634	0.3587
样本 10	0.2000	0.6000	0.2000	0.4138
样本 11	0.2098	0.5499	0.2402	0.4009
样本 12	0.2402	0.5499	0.2098	0.4159

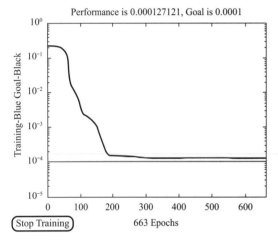

图 6-6　质量记录 B 误差性能曲线图

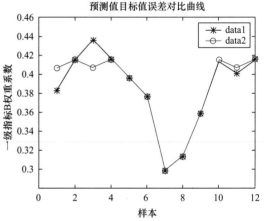

图 6-7　指标 B 预测值目标值误差对比曲线

质量记录 B 权重系数预测结果　　　　　表 6-14

	样本 1	样本 2	样本 3	样本 4	样本 5	样本 6
B	0.3826	0.4159	0.4368	0.4169	0.3966	0.3767
B'	0.4068	0.4155	0.4068	0.4155	0.3966	0.3767
E	−0.0242	0.0004	0.0300	0.0014	0	0
	样本 7	样本 8	样本 9	样本 10	样本 11	样本 12
B	0.2989	0.3139	0.3587	0.4138	0.4009	0.4159
B'	0.2989	0.3139	0.3587	0.4155	0.4068	0.4159
E	0	0	0	−0.0017	−0.0059	0

注：B-目标值，B'-预测值，E-目标值预测值之差。

3. 尺寸偏差及限值实测 C 权重系数的预测

指标：C—结构工程尺寸偏差及限值实测

下一级指标：C1—钢构件预拼装工程　　C2—单层（多层）钢结构安装工程

尺寸偏差及限值实测 C 权重系数的 12 组样本见表 6-15。尺寸偏差及限值实测 C 误差性能曲线、预测值目标值误差对比曲线分别如图 6-8 和图 6-9 所示。尺寸偏差及限值实测 C 的预测结果和目标值较为接近，见表 6-16。

钢结构工程尺寸偏差及限值实测 C 权重系数预测样本　　　表 6-15

	C1	C2	C
样本 1	0.1667	0.8333	0.1325
样本 2	0.2500	0.7500	0.1299
样本 3	0.1667	0.8333	0.1135
样本 4	0.2500	0.7500	0.1216
样本 5	0.2000	0.8000	0.1237
样本 6	0.2000	0.8000	0.1539
样本 7	0.3333	0.6667	0.1366
样本 8	0.2000	0.8000	0.1978
样本 9	0.2500	0.7500	0.1713
样本 10	0.2500	0.7500	0.1399
样本 11	0.2000	0.8000	0.1432
样本 12	0.3333	0.6667	0.1257

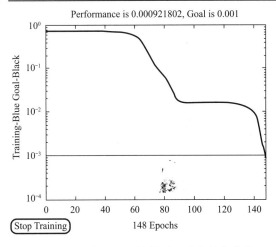

图 6-8　尺寸偏差及限值实测 C 误差性能曲线

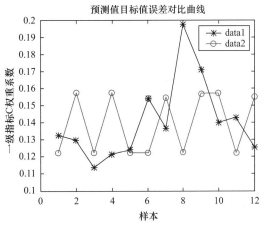

图 6-9　指标 C 预测值目标值误差对比曲线

尺寸偏差及限值实测 C 权重系数预测结果　　　表 6-16

	样本 1	样本 2	样本 3	样本 4	样本 5	样本 6
C	0.1325	0.1299	0.1135	0.1216	0.1237	0.1539
C′	0.1220	0.1571	0.1220	0.1571	0.1221	0.1221
E	0.0105	−0.0272	−0.0085	−0.0355	0.0016	0.0318
	样本 7	样本 8	样本 9	样本 10	样本 11	样本 12
C	0.1366	0.1978	0.1713	0.1399	0.1432	0.1257
C′	0.1550	0.1221	0.1571	0.1571	0.1221	0.1550
E	−0.0184	0.0757	0.0142	−0.0172	0.0211	−0.0293

注：C-目标值，C′-预测值，E-目标值预测值之差。

4. 观感质量 D 权重系数的预测

指标：D—钢结构工程主体结构观感实测

下一级指标：D1—材料要求　　　　　　D2—钢结构焊接工程

　　　　　　D3—紧固件连接工程　　　D4—钢零件及钢部件加工工程

　　　　　　D5—钢构件组装工程　　　D6—单层（多层及高层）钢结构安装工程

　　　　　　D7—压型金属板工程　　　D8—钢结构涂装工程

结构工程观感质量 D 权重系数的 12 组样本见表 6-17 所列。观感质量 D 误差性能曲线、预测值目标值误差对比曲线分别如图 6-10 和图 6-11 所示。观感质量 D 权重系数的 12 组样本的预测结果与目标值较为接近，见表 6-18。

观感质量 D 权重系数预测样本　　　　　　　　　　表 6-17

	D1	D2	D3	D4	D5	D6	D7	D8	D
样本 1	0.2142	0.1077	0.0537	0.0822	0.0407	0.1719	0.0570	0.2725	0.0558
样本 2	0.0594	0.2292	0.1116	0.0594	0.2155	0.2791	0.0275	0.0184	0.0384
样本 3	0.2389	0.1102	0.0372	0.0673	0.0277	0.1836	0.0469	0.2883	0.0541
样本 4	0.2693	0.2693	0.1652	0.1218	0.0640	0.0515	0.0343	0.0247	0.0447
样本 5	0.2427	0.1040	0.0441	0.0674	0.0328	0.1548	0.0464	0.0464	0.0695
样本 6	0.2370	0.1016	0.0381	0.0705	0.0307	0.1695	0.0445	0.3081	0.0724
样本 7	0.2575	0.1455	0.0510	0.0256	0.0609	0.1060	0.0310	0.3226	0.0659
样本 8	0.2349	0.0861	0.0365	0.0775	0.0305	0.2288	0.0546	0.2510	0.0605
样本 9	0.2520	0.0822	0.0342	0.0674	0.0218	0.1640	0.0544	0.3241	0.0689
样本 10	0.2331	0.1021	0.0382	0.0709	0.0307	0.1706	0.0455	0.3089	0.0668
样本 11	0.2329	0.1016	0.0379	0.0737	0.0298	0.1710	0.0451	0.3079	0.0723
样本 12	0.2340	0.1025	0.0390	0.0712	0.0307	0.1712	0.0457	0.3057	0.0738

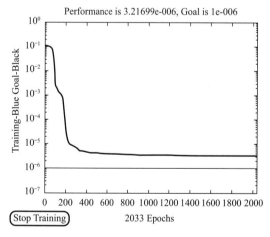

图 6-10　观感质量 D 误差性能曲线　　　　图 6-11　指标 D 预测值目标值误差对比曲线

观感实测 D 权重系数预测结果　　　　　　表 6-18

	样本 1	样本 2	样本 3	样本 4	样本 5	样本 6
D	0.0558	0.0384	0.0541	0.0447	0.0695	0.0724
D'	0.0557	0.0384	0.0554	0.0447	0.0695	0.0721
E	0.0001	0	−0.0013	0	0	0.0003

续表

	样本 7	样本 8	样本 9	样本 10	样本 11	样本 12
D	0.0659	0.0605	0.0689	0.0668	0.0723	0.0738
D′	0.0659	0.0603	0.0689	0.0705	0.0727	0.0690
E	0	0.0002	0	−0.0037	−0.0004	0.0048

注：D-目标值，D′-预测值，E-目标值预测值之差。

6.3.2 围护结构指标权重系数预测

筛选分析调研得到的调查问卷数据，利用装配式钢结构建筑围护结构部分：结构性能检测、结构工程质量记录、结构工程尺寸偏差及限值实测、结构工程观感质量四个方面的指标层权重系数对其对应的上一级指标层权重系数进行预测。

1. 轻质墙板（ALC 墙板）

1）性能检测 E1 权重系数的预测

指标：E1—轻质墙板性能检测

下一级指标：E11—面密度检测　　　　　　　E12—抗弯荷载要求

E13—抗冲击性要求　　　　　　　E14—单点吊挂力要求

E15—隔声量要求　　　　　　　　E16—燃烧性能要求

E17—含水率要求　　　　　　　　E18—干燥收缩值要求

ALC 墙板性能检测权重系数的 12 组样本见表 6-19 所列。性能检测 E1 误差性能曲线、预测值目标值误差对比曲线分别如图 6-12 和图 6-13 所示。ALC 墙板性能检测 12 组样本权重系数的预测结果与目标值较为接近，见表 6-20。

ALC 墙板性能检测 E1 权重系数预测样本　　　　　　表 6-19

	E11	E12	E13	E14	E15	E16	E17	E18	E1
样本 1	0.0511	0.1919	0.1472	0.0405	0.1149	0.2942	0.0880	0.0722	0.1820
样本 2	0.0572	0.2002	0.1481	0.0392	0.1063	0.2873	0.0969	0.0647	0.1432
样本 3	0.0522	0.1816	0.1488	0.0405	0.1219	0.2787	0.1024	0.0740	0.1545
样本 4	0.0532	0.1879	0.1537	0.0440	0.1156	0.2844	0.0884	0.0728	0.1674
样本 5	0.0557	0.1858	0.1393	0.0409	0.1161	0.2919	0.0968	0.0735	0.2005
样本 6	0.0527	0.2014	0.1476	0.0392	0.1192	0.2807	0.0879	0.0713	0.1601
样本 7	0.0544	0.2003	0.1409	0.0422	0.1149	0.2895	0.0884	0.0695	0.1942
样本 8	0.0507	0.1918	0.1469	0.0391	0.1189	0.2935	0.0875	0.0716	0.1779
样本 9	0.0529	0.1926	0.1480	0.0405	0.1155	0.2891	0.0885	0.0728	0.1601
样本 10	0.0523	0.1833	0.1456	0.0400	0.1138	0.3060	0.0872	0.0717	0.1820
样本 11	0.0526	0.1841	0.1461	0.0419	0.1143	0.3017	0.0875	0.0720	0.1766
样本 12	0.0519	0.1826	0.1540	0.0398	0.1123	0.3049	0.0834	0.0711	0.1714

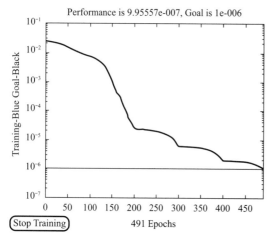

图 6-12 性能检测 E1 误差性能曲线

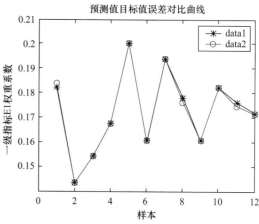

图 6-13 指标 E1 预测值目标值误差对比曲线

ALC 墙板性能检测 E1 权重系数预测结果 表 6-20

	样本 1	样本 2	样本 3	样本 4	样本 5	样本 6
E1	0.1820	0.1432	0.1545	0.1674	0.2005	0.1601
E1′	0.1838	0.1432	0.1541	0.1679	0.2011	0.1605
E	−0.0018	0	0.0004	−0.0005	−0.0006	−0.0004
	样本 7	样本 8	样本 9	样本 10	样本 11	样本 12
E1	0.1942	0.1779	0.1601	0.1820	0.1766	0.1714
E1′	0.1936	0.1762	0.1608	0.1825	0.1748	0.1714
E	0.0006	0.0017	−0.0007	−0.0005	0.0018	0

注：E1-目标值，E1′-预测值，E-目标值预测值之差。

2）ALC 墙板质量记录 E2 权重系数的预测

指标：E2—ALC 墙板质量记录

下一级指标：E21—墙板原材料进厂合格证和厂方自检报告检验

E22—ALC 墙板施工质量记录

E23—ALC 墙板施工试验

ALC 墙板质量记录权重系数的 12 组样本见表 6-21 所示。质量控制指标 E2 误差性能曲线、质量控制指标 E2 预测值目标值误差对比曲线分别如图 6-14 和图 6-15 所示。ALC 墙板性能检测权重系数预测结果与目标值较为接近，预测结果见表 6-22 所示。

ALC 墙板质量记录 E2 权重系数预测样本 表 6-21

	E21	E22	E23	E2
样本 1	0.5396	0.2970	0.1634	0.2863
样本 2	0.5278	0.3325	0.1396	0.3048
样本 3	0.4934	0.3108	0.1958	0.2449
样本 4	0.5278	0.3325	0.1396	0.2955
样本 5	0.4434	0.3874	0.1692	0.2844
样本 6	0.5714	0.2857	0.1429	0.2772

续表

	E21	E22	E23	E2
样本 7	0.4434	0.3874	0.1692	0.2524
样本 8	0.5954	0.2764	0.1283	0.3028
样本 9	0.5278	0.3325	0.1396	0.2772
样本 10	0.5584	0.3196	0.1220	0.2863
样本 11	0.5278	0.3325	0.1396	0.2536
样本 12	0.6144	0.2684	0.1172	0.2309

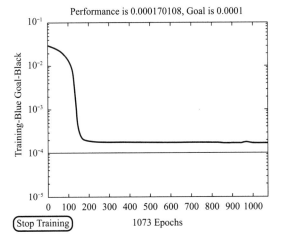

图 6-14　质量控制指标 E2 误差性能曲线

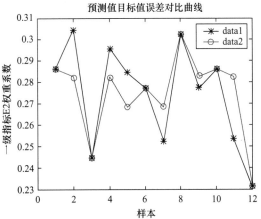

图 6-15　指标 E2 预测值目标值误差对比曲线

ALC 墙板质量记录 E2 权重系数预测结果　　　　表 6-22

	样本 1	样本 2	样本 3	样本 4	样本 5	样本 6
E2	0.2863	0.3048	0.2449	0.2955	0.2844	0.2772
E2′	0.2863	0.2828	0.2449	0.2828	0.2684	0.2772
E	0	0.0220	0	0.0127	0.0160	0
	样本 7	样本 8	样本 9	样本 10	样本 11	样本 12
E2	0.2524	0.3028	0.2772	0.2863	0.2536	0.2309
E2′	0.2684	0.3027	0.2828	0.2863	0.2828	0.2310
E	−0.0160	0.0001	−0.0056	0	−0.0292	−0.0001

注：E2-目标值，E2′-预测值，E-目标值预测值之差。

3）ALC 墙板尺寸偏差及限值实测 E3 权重系数的预测

指标：E3—ALC 墙板尺寸偏差及限值实测

下一级指标：E31—墙板长度允许偏差　　　　E32—墙板宽度允许偏差

　　　　　　E33—墙板厚度允许偏差　　　　E34—板侧面平直度允许偏差

　　　　　　E35—板面平整度允许偏差　　　　E36—板对角线差允许偏差

　　　　　　E37—板面翘曲允许偏差　　　　E38—企口对称度允许偏差

ALC 墙板尺寸偏差及限值实测权重系数的 12 组样本见表 6-23 所列。尺寸偏差及限值实测 E3 误差性能曲线、预测值目标值误差对比曲线分别如图 6-16 和图 6-17 所示。ALC 墙板尺寸偏差及限值实测权重系数预测结果与目标值较为接近，见表 6-24 所示。

ALC墙板尺寸偏差及限值实测E3权重系数预测样本　　　　表6-23

	E31	E32	E33	E34	E35	E36	E37	E38	E3
样本1	0.0652	0.0566	0.0360	0.1067	0.0963	0.2412	0.1933	0.2048	0.4348
样本2	0.0684	0.0579	0.0343	0.1084	0.0895	0.2412	0.1879	0.2125	0.4586
样本3	0.0728	0.0580	0.0382	0.1123	0.0938	0.2355	0.1835	0.2060	0.5080
样本4	0.0719	0.0565	0.0374	0.1075	0.0972	0.2357	0.1948	0.1990	0.4297
样本5	0.0695	0.0592	0.0377	0.1032	0.0909	0.2376	0.1852	0.2168	0.4279
样本6	0.0705	0.0596	0.0361	0.1088	0.0953	0.2427	0.1809	0.2061	0.4673
样本7	0.0684	0.0564	0.0358	0.1173	0.0935	0.2399	0.1858	0.2030	0.4692
样本8	0.0653	0.0568	0.0362	0.1121	0.0966	0.2303	0.1958	0.2070	0.4304
样本9	0.0655	0.0569	0.0381	0.1027	0.0970	0.2412	0.1935	0.2051	0.4673
样本10	0.0523	0.1833	0.1456	0.0400	0.1138	0.3060	0.0872	0.0717	0.4348
样本11	0.0651	0.0539	0.0369	0.1022	0.1002	0.2459	0.1919	0.2039	0.4763
样本12	0.0628	0.0537	0.0378	0.1021	0.1029	0.2454	0.1918	0.2036	0.5074

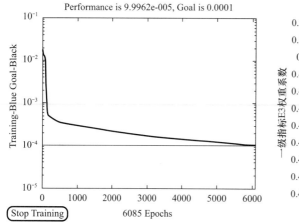

图6-16　尺寸偏差及限值实测E3误差性能曲线

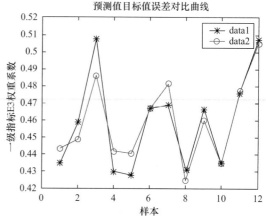

图6-17　指标E3预测值目标值误差对比曲线

ALC墙板尺寸偏差及限值实测E3权重系数预测结果　　　　表6-24

	样本1	样本2	样本3	样本4	样本5	样本6
E3	0.4348	0.4586	0.5080	0.4297	0.4279	0.4673
E3′	0.4435	0.4487	0.4865	0.4421	0.4407	0.4666
E	−0.0087	0.0099	0.0215	−0.0124	−0.0128	0.0007
	样本7	样本8	样本9	样本10	样本11	样本12
E3	0.4692	0.4304	0.4673	0.4348	0.4763	0.5074
E3′	0.4815	0.4245	0.4601	0.4349	0.4777	0.5054
E	−0.0123	0.0059	0.0072	−0.0001	−0.0014	0.0020

注：E3-目标值，E3′-预测值，E-目标值预测值之差。

4）ALC墙板观感质量E4权重系数预测

二级指标：E4—ALC墙板观感质量

三级指标：E41—墙板长度允许偏差　　　　　　　E42—墙板宽度允许偏差

　　　　　　E43—墙板厚度允许偏差　　　　　　　E44—板侧面平直度允许偏差

E45—板面平整度允许偏差　　　　　E46—板对角线差允许偏差

ALC 墙板观感质量权重系数的 12 组样本见表 6-25 所列。质量控制指标 E4 误差性能曲线、质量控制指标 E4 预测值目标值误差对比曲线分别如图 6-18 和图 6-19 所示。ALC 墙板观感质量权重系数 12 组样本的预测结果与目标值较为接近，见表 6-26。

ALC 墙板观感质量 E4 权重系数预测样本 表 6-25

	E41	E42	E43	E44	E45	E46	E4
样本 1	0.0571	0.3235	0.2569	0.1730	0.0761	0.1134	0.0969
样本 2	0.0534	0.3466	0.2472	0.1643	0.0861	0.1025	0.0934
样本 3	0.0599	0.3400	0.2412	0.1672	0.0873	0.1043	0.0926
样本 4	0.0597	0.3028	0.2604	0.1760	0.0845	0.1165	0.1074
样本 5	0.0599	0.3399	0.2391	0.1660	0.0769	0.1182	0.0872
样本 6	0.0609	0.3038	0.2636	0.1780	0.0812	0.1125	0.0954
样本 7	0.0617	0.3243	0.2459	0.1670	0.0838	0.1172	0.0842
样本 8	0.0565	0.3202	0.2692	0.1697	0.0752	0.1092	0.0889
样本 9	0.0565	0.3367	0.2522	0.1709	0.0758	0.1079	0.0954
样本 10	0.0558	0.3566	0.2467	0.1591	0.0753	0.1065	0.0969
样本 11	0.0565	0.3367	0.2522	0.1709	0.0758	0.1079	0.0934
样本 12	0.0550	0.3733	0.2414	0.1512	0.0745	0.1048	0.0903

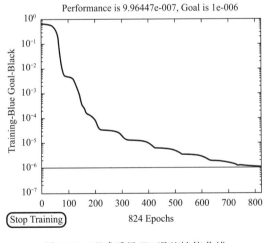

图 6-18　观感质量 E4 误差性能曲线

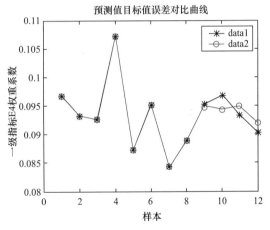

图 6-19　指标 E4 预测值目标值误差对比曲线

ALC 墙板观感质量 E4 权重系数预测结果 表 6-26

	样本 1	样本 2	样本 3	样本 4	样本 5	样本 6
E4	0.0969	0.0934	0.0926	0.1074	0.0872	0.0954
E4′	0.0968	0.0933	0.0927	0.1074	0.0871	0.0952
E	0.0001	0.0001	−0.0001	0.0000	0.0001	0.0002
	样本 7	样本 8	样本 9	样本 10	样本 11	样本 12
E4	0.0842	0.0889	0.0954	0.0969	0.0934	0.0903
E4′	0.0845	0.0890	0.0949	0.0943	0.0949	0.0919
E	−0.0003	−0.0001	0.0005	0.0026	−0.0015	−0.0016

注：E4-目标值，E4′-预测值，E-目标值预测值之差。

2. 轻钢龙骨墙板

1）轻钢龙骨墙板性能检测 F1 权重系数预测

指标：F1—轻钢龙骨墙板性能检测

下一级指标：F11—轻钢龙骨施工要点；F12—石膏罩面板安装质量控制要点；F13—接缝及护角处理质量控制要点。

轻钢龙骨墙板权重系数的 12 组样本如表 6-27 所示。轻钢龙骨墙板性能检测 F1 误差性能曲线、预测值目标值误差对比曲线分别如图 6-20 和图 6-21 所示。轻钢龙骨墙板性能检测权重系数的 12 组样本预测结果与目标值较为接近，见表 6-28 所示。

轻钢龙骨墙板性能检测 **F1** 权重系数预测样本　　　表 6-27

	F11	F12	F13	F1
样本 1	0.6250	0.2385	0.1365	0.3078
样本 2	0.5584	0.3196	0.1220	0.3378
样本 3	0.6144	0.2684	0.1172	0.3438
样本 4	0.5936	0.2493	0.1571	0.3004
样本 5	0.5714	0.2857	0.1429	0.2681
样本 6	0.5936	0.2493	0.1571	0.3418
样本 7	0.5936	0.2493	0.1571	0.3004
样本 8	0.6144	0.2684	0.1172	0.3153
样本 9	0.5714	0.2857	0.1429	0.3167
样本 10	0.5936	0.2493	0.1571	0.3167
样本 11	0.5396	0.297	0.1634	0.3244
样本 12	0.6483	0.2297	0.122	0.2808

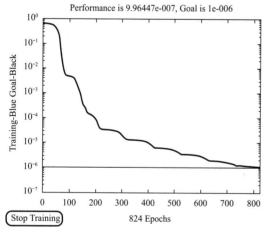

图 6-20　质量控制指标 F1 误差性能曲线

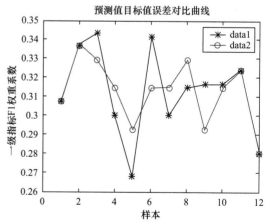

图 6-21　指标 F1 预测值目标值误差对比曲线

轻钢龙骨性能检测 **F1** 权重系数预测结果　　　表 6-28

	样本 1	样本 2	样本 3	样本 4	样本 5	样本 6
F1	0.3078	0.3378	0.3438	0.3004	0.2681	0.3418
F1′	0.3078	0.3378	0.3296	0.3148	0.2924	0.3148
E	0.0000	0.0000	0.0142	−0.0144	−0.0243	0.0270

续表

	样本 7	样本 8	样本 9	样本 10	样本 11	样本 12
F1	0.3004	0.3153	0.3167	0.3167	0.3244	0.2808
F1′	0.3148	0.3296	0.2924	0.3148	0.3244	0.2808
E	−0.0144	−0.0143	0.0243	0.0019	0.0000	0.0000

注：F1-目标值，F1′-预测值，E-目标值预测值之差。

2）轻钢龙骨墙板质量记录 F2 权重系数预测

指标：F2—轻钢龙骨墙板质量记录

下一级指标：F21—墙板原材料进厂合格证和厂方自检报告检验

F22—轻钢龙骨墙板施工质量记录　　F23—轻钢龙骨墙板施工试验

轻钢龙骨墙板质量记录权重系数的 12 组样本如表 6-29 所列。质量记录 F2 误差性能曲线、预测值目标值误差对比曲线分别如图 6-22 和图 6-23 所示。轻钢龙骨墙板质量记录权重系数的 12 组样本预测结果与目标值较为接近，见表 6-30。

轻钢龙骨墙板质量记录 F2 权重系数预测样本　　　　　　　表 6-29

	F21	F22	F23	F2
样本 1	0.5396	0.2970	0.1634	0.1532
样本 2	0.5714	0.2857	0.1429	0.1605
样本 3	0.5278	0.3325	0.1396	0.1550
样本 4	0.4434	0.3874	0.1692	0.1592
样本 5	0.4000	0.4000	0.2000	0.1625
样本 6	0.5278	0.3325	0.1396	0.1704
样本 7	0.4934	0.3108	0.1958	0.1592
样本 8	0.5278	0.3325	0.1396	0.1554
样本 9	0.5936	0.2493	0.1571	0.1742
样本 10	0.5936	0.2493	0.1571	0.1742
样本 11	0.5396	0.2970	0.1634	0.1757
样本 12	0.5396	0.2970	0.1634	0.1682

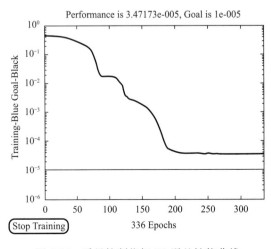

图 6-22　质量控制指标 F2 误差性能曲线

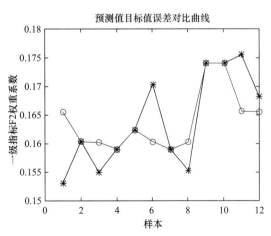

图 6-23　指标 F2 预测值目标值误差对比曲线

轻钢龙骨墙板质量记录 F2 权重系数预测结果 表 6-30

	样本 1	样本 2	样本 3	样本 4	样本 5	样本 6
F2	0.1532	0.1605	0.1550	0.1592	0.1625	0.1704
F2′	0.1657	0.1605	0.1603	0.1592	0.1625	0.1603
E	−0.0125	0.0000	−0.0053	0.0000	0.0000	0.0101
	样本 7	样本 8	样本 9	样本 10	样本 11	样本 12
F2	0.1592	0.1554	0.1742	0.1742	0.1757	0.1682
F2′	0.1592	0.1603	0.1742	0.1742	0.1657	0.1657
E	0.0000	−0.0049	0.0000	0.0000	0.0100	0.0025

注：F2-目标值，F2′-预测值，E-目标值预测值之差。

3）轻钢龙骨墙板尺寸偏差及限值实测 F3 权重系数预测

指标：F3—轻钢龙骨墙板尺寸偏差及限值实测

下一级指标：F31—墙体立面垂直度允许偏差　　F32—墙体表面平整度允许偏差

F33—接缝高低差允许偏差　　F34—阴阳角方正允许偏差

轻钢龙骨墙板尺寸偏差及限值实测权重系数的 12 组样本如表 6-31 所列。尺寸偏差及限值实测 F3 误差性能曲线、预测值目标值误差对比曲线分别如图 6-24 和图 6-25 所示。轻钢龙骨墙板尺寸偏差及限值实测权重系数的 12 组样本预测结果与目标值较为接近，见表 6-32。

轻钢龙骨墙板尺寸偏差及限值实测 F3 权重系数预测样本 表 6-31

	F31	F32	F33	F34	F3
样本 1	0.5831	0.1994	0.1308	0.0867	0.4569
样本 2	0.5750	0.2109	0.1329	0.0813	0.4065
样本 3	0.5338	0.2454	0.1338	0.0870	0.4209
样本 4	0.5544	0.2374	0.1216	0.0866	0.4428
样本 5	0.5932	0.2148	0.1154	0.0766	0.4966
样本 6	0.5617	0.1986	0.1404	0.0993	0.4154
样本 7	0.5622	0.1905	0.1498	0.0975	0.4428
样本 8	0.5309	0.2372	0.1406	0.0914	0.4378
样本 9	0.5600	0.2156	0.1354	0.0890	0.4259
样本 10	0.5624	0.2059	0.1444	0.0873	0.4259
样本 11	0.5080	0.2449	0.1545	0.0926	0.4077
样本 12	0.5080	0.2449	0.1545	0.0926	0.4703

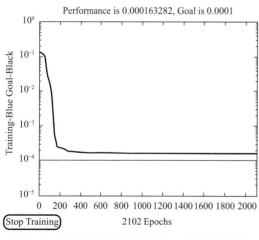

图 6-24　尺寸偏差及限值实测 F3 误差性能曲线

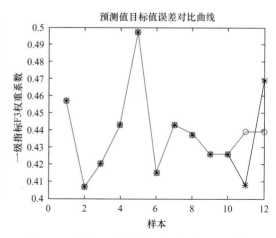

图 6-25　指标 F3 预测值目标值误差对比曲线

轻钢龙骨墙尺寸偏差及限值实测 **F3** 权重系数预测结果　　　　　　表 6-32

	样本 1	样本 2	样本 3	样本 4	样本 5	样本 6
F3	0.1532	0.1605	0.1550	0.1592	0.1625	0.1704
F3′	0.1657	0.1605	0.1603	0.1592	0.1625	0.1603
E	−0.0125	0.0000	−0.0053	0.0000	0.0000	0.0101
	样本 7	样本 8	样本 9	样本 10	样本 11	样本 12
F3	0.1592	0.1554	0.1742	0.1742	0.1757	0.1682
F3′	0.1592	0.1603	0.1742	0.1742	0.1657	0.1657
E	0.0000	−0.0049	0.0000	0.0000	0.0100	0.0025

注：F3-目标值，F3′-预测值，E-目标值预测值之差。

4）轻钢龙骨墙板观感质量 F4 权重系数的预测

指标：F4—轻钢龙骨墙板观感质量

下一级指标：F41—钢龙骨观感质量　　　　F42—纸面石膏板观感质量

　　　　　　　F43—竖向龙骨观感质量　　　F44—罩面板表面观感质量

　　　　　　　F45—接缝观感质量　　　　　F46—骨架隔墙上的孔洞、槽、盒观感质量

　　轻钢龙骨墙板观感质量权重系数的 12 组样本见表 6-33 所列。观感质量 F4 误差性能曲线、预测值目标值误差对比曲线分别如图 6-26 和图 6-27 所示。轻钢龙骨墙板观感质量权重系数的 12 组样本预测结果与目标值较为接近，预测结果见表 6-34。

轻钢龙骨墙板观感质量 **F4** 权重系数预测样本　　　　　　表 6-33

	F41	F42	F43	F44	F45	F46	F4
样本 1	0.3102	0.2815	0.1086	0.1745	0.0793	0.0459	0.0832
样本 2	0.3051	0.2729	0.1343	0.1772	0.0645	0.0461	0.0952
样本 3	0.2999	0.2817	0.1041	0.1834	0.0800	0.0509	0.0803
样本 4	0.2964	0.2862	0.1185	0.1708	0.0804	0.0477	0.0976
样本 5	0.2973	0.2823	0.1191	0.1720	0.0840	0.0454	0.0728
样本 6	0.3306	0.2741	0.1073	0.1636	0.0787	0.0457	0.0724
样本 7	0.3005	0.2859	0.1187	0.1728	0.0751	0.0470	0.0976
样本 8	0.3408	0.2671	0.1046	0.1679	0.0767	0.0428	0.0915
样本 9	0.3102	0.2815	0.1086	0.1745	0.0793	0.0459	0.0832
样本 10	0.3120	0.2730	0.1162	0.1760	0.0791	0.0438	0.0832
样本 11	0.3131	0.2633	0.1175	0.1788	0.0833	0.0440	0.0922
样本 12	0.3111	0.2606	0.1178	0.1799	0.0810	0.0496	0.0807

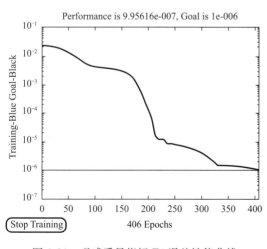

图 6-26　观感质量指标 F4 误差性能曲线

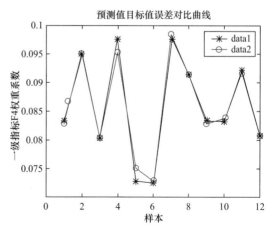

图 6-27　指标 F4 预测值目标值误差对比曲线

轻钢龙骨墙板观感质量 F4 权重系数预测结果

表 6-34

	样本 1	样本 2	样本 3	样本 4	样本 5	样本 6
F4	0.0832	0.0952	0.0803	0.0976	0.0728	0.0724
F4′	0.0827	0.0951	0.0804	0.0954	0.075	0.0727
E	0.0005	0.0001	−0.0001	0.0022	−0.0022	−0.0003
	样本 7	样本 8	样本 9	样本 10	样本 11	样本 12
F4	0.0976	0.0915	0.0832	0.0832	0.0922	0.0807
F4′	0.0985	0.0914	0.0827	0.0838	0.0917	0.0808
E	−0.0009	0.0001	0.0005	−0.0006	0.0005	−0.0001

注：F4-目标值，F4′-预测值，E-目标值预测值之差。

6.3.3 权重系数预测结果分析

对主体结构及围护结构的指标权重系数预测结果进行分析，主体结构、ALC 墙板及轻钢龙骨墙板指标目标值预测值权重系数之差见表 6-35～表 6-37 所列。为了直观的了解指标权重系数的差值情况，主体结构、ALC 墙板及轻钢龙骨墙板指标目标值预测值权重系数之差如图 6-28～图 6-30 所示。

主体结构指标权重系数预测结果误差分析

表 6-35

样本	1	2	3	4	5	6
Ea	0	0	0.0011	0	0	−0.0002
Eb	−0.0242	0.0004	0.0300	0.0014	0	0
Ec	0.0105	−0.0272	−0.0085	−0.0355	0.0016	0.0318
Ed	0.0001	0	−0.0013	0	0	0.0003
样本	7	8	9	10	11	12
Ea	−0.0001	0.0002	0.0001	−0.002	−0.002	0.0027
Eb	0	0	0	−0.0017	−0.0059	0
Ec	−0.0184	0.0757	0.0142	−0.0172	0.0211	−0.0293
Ed	0	0.0002	0	−0.0037	−0.0004	0.0048

注：Ea-性能检测目标值预测值权重系数差值；Eb-质量记录目标值预测值权重系数差值；Ec-尺寸偏差及限值实测目标值预测值权重系数差值；Ed-观感质量目标值预测值权重系数差值。

ALC 墙板指标权重系数预测结果误差分析

表 6-36

样本	1	2	3	4	5	6
E1	−0.0018	0	0.0004	−0.0005	−0.0006	−0.0004
E2	0	0.0220	0	0.0127	0.0160	0
E3	−0.0087	0.0099	0.0215	−0.0124	−0.0128	0.0007
E4	0.0001	0.0001	−0.0001	0	0.0001	0.0002
样本	7	8	9	10	11	12
E1	0.0006	0.0017	−0.0007	−0.0005	0.0018	0
E2	−0.0160	0.0001	−0.0056	0	−0.0292	−0.0001
E3	−0.0123	0.0059	0.0072	−0.0001	−0.0014	0.0020
E4	−0.0003	−0.0001	0.0005	0.0026	−0.0015	−0.0016

注：E1-性能检测目标值预测值权重系数差值；E2-质量记录目标值预测值权重系数差值；E3-尺寸偏差及限值实测目标值预测值权重系数差值；E4-观感质量目标值预测值权重系数差值。

轻钢龙骨墙板指标权重系数预测结果误差分析　表 6-37

样本	1	2	3	4	5	6
$E1'$	0	0	0.0142	-0.0144	-0.0243	0.0270
$E2'$	-0.0125	0	-0.0053	0	0	0.0101
$E3'$	0	0	0	0	0	0
$E4'$	0.0005	0.0001	-0.0001	0.0022	-0.0022	-0.0003
样本	7	8	9	10	11	12
$E1'$	-0.0144	-0.0143	0.0243	0.0019	0	0
$E2'$	0	-0.0049	0	0	0.0100	0.0025
$E3'$	0	-0.0001	0	0	-0.0313	0.0313
$E4'$	-0.0009	0.0001	0.0005	-0.0006	0.0005	-0.0001

注：$E1'$-性能检测目标值预测值权重系数差值；$E2'$-质量记录目标值预测值权重系数差值；$E3'$-尺寸偏差及限值实测目标值预测值权重系数差值；$E4'$-观感质量目标值预测值权重系数差值。

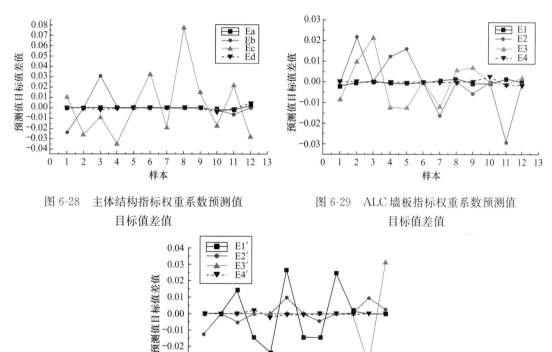

图 6-28　主体结构指标权重系数预测值
目标值差值

图 6-29　ALC 墙板指标权重系数预测值
目标值差值

图 6-30　轻钢龙骨墙板指标权重系数预测值目标值差值

通过计算主体结构、ALC 墙板、轻钢龙骨墙板各指标预测值目标值权重系数的差值，可以得出各级指标平均相对误差，见表 6-38～表 6-40 所列。

主体结构指标权重系数平均误差　表 6-38

指标	A	B	C	D
平均误差	-0.000017	0	0.001567	0
一级指标权重系数均值	0.411658	0.385633	0.140800	0.061925
平均相对误差	-0.0040%	0	1.1127%	0

ALC 墙板指标权重系数平均误差　　　　　　　表 6-39

	E1	E2	E3	E4
平均误差	0	-0.000008	-0.000042	0
一级指标权重系数均值	0.172492	0.281180	0.459308	0.093500
平均相对误差	0	-0.0030%	-0.0091%	0

轻钢龙骨墙板指标权重系数平均误差　　　　　　表 6-40

	F1	F2	F3	F4
平均误差	0	-0.000008	-0.000008	-0.000025
一级指标权重系数均值	0.312833	0.163975	0.437458	0.085825
平均相对误差	0	-0.0051%	-0.0019%	-0.0291%

　　通过上述的误差分析可以得出，主体结构、ALC 墙板、轻钢龙骨墙板指标的平均误差绝对值最大值分别为 0.001567，0.000042，0.000025；平均相对误差的绝对值最大值分别为 1.1127%，0.0091%，0.0291%，其平均误差绝对值最大值未超过 0.01，其平均相对误差的绝对值最大值也未超过 2%，可见权重系数误差是满足要求的，证明了所收回调查问卷数据的可信性。

　　BP 神经网络的预测功能为建筑工程施工质量的管理和研究提供了一个新的方法，该方法通过对质量控制指标权重系数的预测，从而证明所得到系数的精确性。但是由于选取的样本数据较少，且与运用层次分析法计算的权重有一定差异，考虑层次分析法计算的数据较多，且又经过一致性检验，较为精确，故最终选取层次分析法计算得到的各级指标的权重。

6.4　本章小结

　　本章基于层次分析法的基本原理，通过对大量调查问卷进行数据处理，建立了判断矩阵，并对判断矩阵进行一致性检验，计算得到了各个指标的权重系数。另外，本章尝试利用 BP 神经网络的方法，对评价体系中的主体结构和围护结构指标下一级指标进行分析和预测，为权重系数的计算提供新的渠道。预测结果表明，预测的指标平均相对误差的绝对值未超过 2%，可见权重系数误差是满足要求的，同时也证明了所回收的调查问卷的可信性。

第7章　装配式钢结构建筑施工与安装评价模型

7.1　指标评价标准

装配式钢结构建筑施工与安装评价体系是一项复杂的系统工程，在建立指标体系时，应该注意结合中国的国情。在确定评价标准时，将评价体系的量化指标与我国已颁发的规范、标准一致起来，并把现行规范、标准作为评价体系指标的基础，这样既省去了评价标准确定的繁琐，又易于实施运用。评价标准可以是定性的，也可以是定量的，在合理制定评价标准的时候，可以根据以下原则确定：

定量问题：可以依靠可靠的数据作为依据。在评价时，国家或地区有关数据库（各种规范、法规、制度）、行业统计数据和公认的国际标准可以作为最重要的参照和准则。现行规范中没有规定的项目，可以根据地区实践的实际水平和需要，组织专家进行编订。

定性问题：不能用数据衡量，很大程度上靠主观判断评估。评分基准用描述性的语言，专家根据建筑物所在地区的具体条件和典型范例进行评估。

故此，本书构建的装配式钢结构建筑施工与安装评价体系坚持了定性指标和定量指标相结合的原则，其中定量指标按照具体的量化值与相应标准比较来划分等级，而定性指标有些根据定性描述来划分等级，有些则只能通过文字性的描述，组织专家来判断相应等级。

7.1.1　技术性能指标

1."质量控制"评价指标

【评价标准和依据】：《钢结构工程施工质量验收规范》GB 50205—2001、《建筑用轻钢龙骨》GB/T 11981—2001、《轻型钢结构住宅技术规程》JGJ 209—2010、《建筑装饰装修工程质量验收规范》GB 50210—2001、《建筑地面工程施工质量验收规范》GB 50209—2002、《建筑工程施工质量验收统一标准》GB 50300—2001、《建筑工程施工质量评价标准》GB/T 50375—2006（目前 GB/T 50375—2016 为最新版本）。

【评价依据扩展】：

◆ 国务院办公厅《关于促进建筑业持续健康发展的意见》国办发〔2017〕19 号规定：

（五）严格落实工程质量责任。全面落实各方主体的工程质量责任，特别要强化建设单位的首要责任和勘察、设计、施工单位的主体责任。严格执行工程质量终身责任制，在建筑物明显部位设置永久性标牌，公示质量责任主体和主要责任人。

◆ 国务院办公厅《关于大力发展装配式建筑的指导意见》（国办发〔2016〕71 号）规定：

（十一）确保工程质量安全。完善装配式建筑工程质量安全管理制度，健全质量安全责任体系，落实各方主体质量安全责任。加强全过程监管，建设和监理等相关方可采用驻厂监造等方式加强部品部件生产质量管控；施工企业要加强施工过程质量安全控制和检验检测，完善装配施工质量保证体系；在建筑物明显部位设置永久性标牌，公示质量安全责任主体和主要责任人。加强行业监管，明确符合装配式建筑特点的施工图审查要求，建立全过程质量追溯制度，加大抽查抽测力度，严肃查处质量安全违法违规行为。

◆ 2016年2月6日国务院《关于进一步加强城市规划建设管理工作的若干意见》指出：

（九）落实工程质量责任。完善工程质量安全管理制度，落实建设单位、勘察单位、设计单位、施工单位和工程监理单位等五方主体质量安全责任。强化政府对工程建设全过程的质量监管，特别是强化对工程监理的监管，充分发挥质监站的作用。

◆ 住房和城乡建设部《"十三五"装配式建筑行动方案》规定：

（九）提高工程质量安全

加强装配式建筑工程质量安全监管，严格控制装配式建筑现场施工安全和工程质量，强化质量安全责任。

加强装配式建筑工程质量安全检查，重点检查连接节点施工质量、起重机械安全管理等，全面落实装配式建筑工程建设过程中各方责任主体履行责任情况。

◆ 辽宁省地方标准《预制混凝土构件制作与验收规程（暂行）》DB21/T1872规定：

6.1.2 预制混凝土构件生产企业应建立构件制作全过程的计划管理和质量管理体系，以提高生产效率，确保预制构件质量。

6.1.3 预制构件生产用原材料和部件等进行标识，注明其种类、规格、产地、检测和检查状态，加强生产过程中的质量控制，对不合格产品的原材料和部件来源具有可查性。

6.1.4 保证预制构件质量，各工艺流程必须由相关专业技术人员进行操作，专业技术人员应经过基础知识和实物操作培训，并符合上岗要求。

6.1.5 明确了构件生产要求和质量管理规定，严格按照生产工艺流程和相关标准组织生产，提高构件制作质量。

◆ 湖南省人民政府办公厅《关于加快推进装配式建筑发展的实施意见》〔2017〕28号规定：

（九）强化质量监管

各地要按照国家、省装配式建筑相关规范规程要求，建立装配式建筑质量全过程安全保证、物联网管理信息和质量跟踪、定位、维护和责任追溯体系，强化企业质量安全主体责任和质量终身责任。推行装配式建筑工程质量担保和保险制度，完善工程质量追责赔偿机制。

【具体评价方式】：按《建筑工程施工质量评价标准》GB/T 50375—2006（目前GB/T 50375—2016为最新版本）检测项目及评分表评分，并查阅相关内业资料、质量验收报告、现场察看。

2. "安全控制" 评价指标

【评价标准和依据】：《建筑施工安全检查标准》JGJ 59—2011和《建筑施工安全技术统一规范》GB 50870—2013。

【评价依据扩展】：

◆ 国务院办公厅《关于促进建筑业持续健康发展的意见》国办发〔2017〕19号规定：

（六）加强安全生产管理。全面落实安全生产责任，加强施工现场安全防护，特别要强化对深基坑、高支模、起重机械等危险性较大的分部分项工程的管理，以及对不良地质地区重大工程项目的风险评估或论证。推进信息技术与安全生产深度融合，加快建设建筑施工安全监管信息系统，通过信息化手段加强安全生产管理。建立健全全覆盖、多层次、经常性的安全生产培训制度，提升从业人员安全素质以及各方主体的本质安全水平。

◆ 2016年2月6日国务院《关于进一步加强城市规划建设管理工作的若干意见》指出：

（十）加强建筑安全监管。实施工程全生命周期风险管理，重点抓好房屋建筑、城市桥梁、建筑幕墙、斜坡（高切坡）、隧道（地铁）、地下管线等工程运行使用的安全监管，做好质量安全鉴定和抗震加固管理，建立安全预警及应急控制机制。

◆ 2017年6月发布的《湖北建筑业发展"十三五"规划纲要》中指出：

（六）提高工程质量安全水平。

强化建筑施工安全监管。健全完善建筑安全生产相关管理制度和责任体系。加强建筑施工安全监督队伍建设，推进建筑施工安全监管规范化，完善随机抽查和差别化监管机制，全面加强监督执法工作。完善对建筑施工企业和工程项目安全生产标准化考评机制，提升建筑施工安全管理水平。

◆《预制混凝土外挂墙板工程技术规程（征求意见稿）》规定：

7.3.2 外挂墙板施工过程中应采取安全措施，并应符合国家现行有关标准的规定。

【条文说明】外挂墙板施工中，应建立健全安全管理保障体系和管理制度，对危险性较大的工程应经专家论证通过后进行施工。应结合施工特点，针对构件吊装、安装施工安全要求，制定系列安全专项方案。国家现行有关标准包括《建筑施工高处作业安全技术规范》JGJ 80、《建筑机械使用安全技术规程》JGJ 33、《建筑施工起重吊装工程安全技术规范》JGJ 276和《施工现场临时用电安全技术规范》JGJ 46等。

【具体评价方式】：按《建筑施工安全检查标准》JGJ 59—2011评分表评分，并查阅相关资料、现场察看。

3. "构件、部品标准化"评价指标

【评价标准和依据】：《装配式混凝土结构技术规程》JGJ 1—2014第3.0.5条、第5.1.3条；《装配整体式混凝土住宅体系设计规范》DG/TJ 08-2071—2010第4.1.4条、第4.1.7条、第4.3.3条；《装配式大板居住建筑设计和施工规程》JGJ 1—1991第1.0.5条、第3.1.1条。

【评价依据扩展】：

◆ 国务院办公厅《关于大力发展装配式建筑的指导意见》（国办发〔2016〕71号）规定：

（六）优化部品部件生产。引导建筑行业部品部件生产企业合理布局，提高产业聚集度，培育一批技术先进、专业配套、管理规范的骨干企业和生产基地。支持部品部件生产企业完善产品品种和规格，促进专业化、标准化、规模化、信息化生产，优化物流管理，合理组织配送。积极引导设备制造企业研发部品部件生产装备机具，提高自动化和柔性加工技术水平。建立部品部件质量验收机制，确保产品质量。

◆ 2016年2月6日国务院《关于进一步加强城市规划建设管理工作的若干意见》指出：

（十一）发展新型建造方式。大力推广装配式建筑，减少建筑垃圾和扬尘污染，缩短建造工期，提升工程质量。制定装配式建筑设计、施工和验收规范。完善部品部件标准，实现建筑部品部件工厂化生产。鼓励建筑企业装配式施工，现场装配。建设国家级装配式建筑生产基地。加大政策支持力度，力争用10年左右时间，使装配式建筑占新建建筑的比例达到30%。积极稳妥推广钢结构建筑。

◆《"十三五"装配式建筑行动方案》规定：

（二）健全标准体系

强化建筑材料标准、部品部件标准、工程建设标准之间的衔接。建立统一的部品部件产品标准和认证、标识等体系，制定相关评价通则，健全部品部件设计、生产和施工工艺标准。严格执行《建筑模数协调标准》、部品部件公差标准，健全功能空间与部品部件之间的协调标准。

（五）增强产业配套能力

装配式建筑部品部件库，编制装配式混凝土建筑、钢结构建筑、木结构建筑、装配化装修的标准化部品部件目录，促进部品部件社会化生产。采用植入芯片或标注二维码等方式，实现部品部件生产、安装、维护全过程质量可追溯。建立统一的部品部件标准、认证与标识信息平台，公开发布相关政策、标准、规则程序、认证结果及采信信息。建立部品部件质量验收机制，确保产品质量。产业配套能力。

◆ 2017年2月1日《北京市保障性住房预制装配式构件标准化技术要求》中指出：

六、预制装配式部品部件其他技术要求

（一）保障性住房推广装配式装修，遵循"模数化、标准化、部品化"原则。主体结构与内装部品、部件、构配件之间应实现模数协调、接口标准化，提前预留、预埋接口，干法施工。推广使用集成吊顶、轻质隔墙、复合地面、集成卫浴、集成厨房等工业化生产的部品及成套集成技术。

（二）门窗安装应确保连接的可靠性和密闭性。门窗洞口尺寸宜采用基本模数 M（1M＝100mm）的倍数，鼓励使用集遮阳、导水、保温等复合功能于一体的窗部品。

◆ 新疆维吾尔自治区工程建设标准《装配式混凝土建筑设计规程》XJJ/-2017规定：

5.5.4 预制楼梯宜设计成模数化的标准梯段，应满足结构、防火要求，并保证有足够的通行宽度和疏散能力。

◆ 扬州市《装配式建筑"十三五"发展规划》规定：

3、推动预制构配件市场发展。推进建筑部品和构配件模式化、标准化、集成化的技术研究和发展，建立以部品为基础的建筑产业化生产体系，逐步实现主要结构构件的标准化生产和市场化销售。

◆《装配式钢结构建筑技术标准》规定：

内装系统各组成部分如隔墙、墙面、吊顶、地面宜选用装配式部品，厨房和卫生间宜选用集成式产品。

◆ 福建省人民政府办公厅《关于大力发展装配式建筑的实施意见》规定：

（三）创新研发设计方式。建立装配式建筑地方标准体系，鼓励企业、社会团体编制企业标准、团体标准。编制通用设计图集、技术指南以及部品部件配套标准和图集，增强标准供给力度。2018年前，出台部品部件标准化、模数化、通用化导则；编制建设工程概算定额，将装配式建筑的增量成本计入建造成本。

强化装配式建筑模数化设计管理，确保部品部件满足标准化和通用化要求。

◆ 山东省《装配式建筑示范城市管理办法》指出：

（四）具备较好的装配式建筑发展基础，包括较好的产业基础、技术应用及标准化水平和能力，一定数量的设计、生产、施工、工程总承包企业和装配式建筑工程项目等。

◆ 上海市《绿色建筑发展三年行动计划（2014—2016）》规定：

3. 完善装配式建筑监管体系。围绕建筑安全和质量，加快建立装配式建筑项目"从工厂到现场、从部品件到工程产品"的全过程监督管理制度。加强对构配件生产企业等市场准入管理。加强对安全质量影响较大的构件、部品的生产和使用管理，探索建立预制构件部品目录管理制度。

【具体评价方式】：查阅项目设计图纸等技术文件进行计算。

4."连接构造标准化"评价指标

【评价标准和依据】：以专家意见定性评价为主。

【评价依据扩展】：

◆ 国务院办公厅《关于大力发展装配式建筑的指导意见》（国办发〔2016〕71号）规定：

（七）提升装配施工水平。引导企业研发应用与装配式施工相适应的技术、设备和机具，提高部品部件的装配施工连接质量和建筑安全性能。鼓励企业创新施工组织方式，推行绿色施工，应用结构工程与分部分项工程协同施工新模式。

【具体评价方式】：查阅项目设计图纸、施工组织设计等技术文件。

5."构件部品预制率及装配率"评价指标

【评价标准和依据】：《装配式建筑评价标准》GB/T 51129—2017第3.0.3条、第4.0.1条、第5.0.2条，《深圳市住宅产业化项目单体建筑预制率和装配率计算细则》（试行）、福建省《关于推进建筑产业化现代化试点的指导意见》、《江苏省省级节能减排（建筑节能和建筑产业现代化）专项引导资金管理办法》、《山东省房地产业转型升级实施方案》、《关于2015年安徽省建筑节能与科技工作要点的通知》、河北省《关于推进住宅产业现代化的指导意见》、沈阳市《关于加快推进现代建筑产业化发展的指导意见》、沈阳市建委《关于推动沈阳市现代建筑产业化工程建设的通知》。

《装配式建筑评价标准》GB/T 51129—2017第2.0.2条：

装配率：单体建筑室外地坪以上的主体结构、围护墙和内隔墙、装修与设备管线等采用预制部品部件的综合比例。

《装配式建筑评价标准》GB/T 51129—2017第4.0.1条：

4.0.1 装配率应根据表4.0.1中评价项分值按下式计算：

$$P = \frac{Q_1 + Q_2 + Q_3}{100 - Q_4} \times 100\% \qquad (7-1)$$

P—装配率；Q_1—主体结构指标实际得分值；Q_2—围护墙和内隔墙指标实际得分值；Q_3—装修与设备管线指标实际得分值；Q_4—评价项目中缺少的评价项分值总和。

装配式建筑评分表   表4.0.1

评价项		评价要求	评价分值	最低分值
主体结构 （50分）	柱、支撑、承重墙、延性墙板等竖向构件	35%≤比例≤80%	20～30*	20
	梁、板、楼梯、阳台、空调板等构件	70%≤比例≤80%	10～20*	
围护墙和 内隔墙 （20分）	非承重围护墙非砌筑	比例≥80%	5	10分
	围护墙与保温、隔热、装饰一体化	50%≤比例≤80%	2～5*	
	内隔墙非砌筑	比例≥50%	5	
	内隔墙与管线、装修一体化	50%≤比例≤80%	2～5*	

评价项		评价要求	评价分值	最低分值
装修和设备管线（30分）	全装修	—	6	6
	干式工法的楼面、地面	比例≥70%	6	
	集成厨房	70%≤比例≤90%	3～6*	—
	集成卫生间	70%≤比例≤90%	3～6*	
	管线分离	50%≤比例≤70%	4～6*	

注：表中带"*"项的分值采用"内插法"计算，计算结果取小数点后1位。

《装配式建筑评价标准》GB/T 51129—2017 第 5.0.2 条：

5.0.2 装配式建筑评价等级应划分为 A 级、AA 级、AAA 级，并应符合下列规定：

1 装配率为 60%～75% 时，评价为 A 级装配式建筑；

2 装配率为 76%～90% 时，评价为 AA 级装配式建筑；

3 装配率为 91% 及以上时，评价为 AAA 级装配式建筑。

【评价依据扩展】：

◆ 国务院办公厅《关于大力发展装配式建筑的指导意见》（国办发〔2016〕71 号）规定：

（五）创新装配式建筑设计。统筹建筑结构、机电设备、部品部件、装配施工、装饰装修，推行装配式建筑一体化集成设计。推广通用化、模数化、标准化设计方式，积极应用建筑信息模型技术，提高建筑领域各专业协同设计能力，加强对装配式建筑建设全过程的指导和服务。

◆ 福建省人民政府办公厅《关于大力发展装配式建筑的实施意见》规定：

推广结构主体部件、内装修部品和设备管线的装配化集成技术。发挥设计单位的龙头作用，运用和完善标准化设计，实现装配式建筑一次设计，避免二次拆分。鼓励装配式建筑设计采用隔震减震、支撑体—填充体（SI）住宅体系、智能化、节能环保等新技术，提升建筑品质。

◆ 北京市人民政府办公厅《关于加快发展装配式建筑的实施意见》〔2017〕8 号中指出：

3. 采用装配式混凝土建筑、钢结构建筑的项目应符合国家及本市的相关标准。采用装配式混凝土建筑的项目，其装配率应不低于 50%；且建筑高度在 60 米（含）以下时，其单体建筑预制率应不低于 40%，建筑高度在 60 米以上时，其单体建筑预制率应不低于 20%。鼓励学校、医院、体育馆、商场、写字楼等新建公共建筑优先采用钢结构建筑，其中政府投资的单体地上建筑面积 1 万平方米（含）以上的新建公共建筑应采用钢结构建筑。

◆ 上海市住房和城乡建设管理委员会《关于本市装配式建筑单体预制率和装配率计算细则（试行）》中指出：

一、本《计算细则》中的单体预制率是指混凝土结构、钢结构、钢-混凝土混合结构、木结构等结构类型的装配式建筑±0.000 以上主体结构和围护结构中预制构件部分的材料用量占对应构件材料总用量的比率；单体装配率是指装配式建筑中预制构件、建筑部品的数量（或面积）占同类构件或部品总数量（或面积）的比率。

二、2016 年起，除下述范围以外，符合条件的新建民用、工业建筑应全部按装配式建筑要求实施，建筑单体预制率不应低于 40% 或单体装配率不低于 60%。

◆ 济南市《加快推进建筑（住宅）产业化发展的若干政策措施》规定：

本文所称的建筑单体预制装配率，是指柱、梁、楼梯、楼板、外墙、内墙、阳台等建筑结构中，采用钢筋混凝土预制构件或钢结构构件免除现浇模板面积占现浇施工方式模板总面积的比例。采用整体装配式卫生间的按 10％ 计算预制装配率，采用整体装配式厨房的按 15％ 计算预制装配率。建筑单体预制装配率由市城乡建设委负责认定。

◆ 湖南省住房和城乡建设厅《关于印发湖南省住宅产业化项目单体建筑装配式 PC 结构预制装配率计算细则（试行）的通知》规定：

二、预制装配率计算细则

（一）预制装配率定义：是指建筑标准层特定部位采用预制 PC 构件混凝土体积占标准层全部构件混凝土体积的百分比。再加上填充内隔墙、定型模板、整体卫浴厨房的折算装配率。

2016 年 2 月 6 日，《中共中央国务院关于进一步加强城市规划建设管理工作的若干意见》提出：

发展新型建造方式。大力推广装配式建筑，减少建筑垃圾和扬尘污染，缩短建造工期，提升工程质量。制定装配式建筑设计、施工和验收规范。完善部品部件标准，实现建筑部品部件工厂化生产。鼓励建筑企业装配式施工，现场装配。建设国家级装配式建筑生产基地。加大政策支持力度，力争用 10 年左右时间，使装配式建筑占新建建筑的比例达到 30％。积极稳妥推广钢结构建筑。

【具体评价方式】：查阅项目设计图纸等技术文件进行计算。

6."机械化程度"评价指标

【评价标准和依据】：以专家意见定性评价为主。

【评价依据扩展】：

◆ 国务院办公厅《关于促进建筑业持续健康发展的意见》国办发〔2017〕19 号规定：

（十六）加强技术研发应用。加快先进建造设备、智能设备的研发、制造和推广应用，提升各类施工机具的性能和效率，提高机械化施工程度。

◆ 国务院办公厅《关于大力发展装配式建筑的指导意见》（国办发〔2016〕71 号）规定：

（七）提升装配施工水平。引导企业研发应用与装配式施工相适应的技术、设备和机具，提高部品部件的装配施工连接质量和建筑安全性能。

◆ 住房和城乡建设部《"十三五"装配式建筑行动方案》规定：

完善装配式建筑施工工艺和工法，研发与装配式建筑相适应的生产设备、施工设备、机具和配套产品，提高装配施工、安全防护、质量检验、组织管理的能力和水平，提升部品部件的施工质量和整体安全性能。

【具体评价方式】：查阅相关技术文件、施工组织设计等。

7."组织管理科学化程度"评价指标

【评价标准和依据】：以专家意见定性评价为主。

【评价依据扩展】：

◆ 国务院办公厅《关于促进建筑业持续健康发展的意见》国办发〔2017〕19 号规定：

（十六）加强技术研发应用。加快推进建筑信息模型（BIM）技术在规划、勘察、设计、施工和运营维护全过程的集成应用，实现工程建设项目全生命周期数据共享和信息化管理，为项目方案优化和科学决策提供依据，促进建筑业提质增效。

◆ 国务院办公厅《关于大力发展装配式建筑的指导意见》（国办发〔2016〕71号）规定：

（五）创新装配式建筑设计。统筹建筑结构、机电设备、部品部件、装配施工、装饰装修，推行装配式建筑一体化集成设计。推广通用化、模数化、标准化设计方式，积极应用建筑信息模型技术，提高建筑领域各专业协同设计能力，加强对装配式建筑建设全过程的指导和服务。鼓励设计单位与科研院所、高校等联合开发装配式建筑设计技术和通用设计软件。

◆ 住房和城乡建设部《"十三五"装配式建筑行动方案》规定：

建立适合建筑信息模型（BIM）技术应用的装配式建筑工程管理模式，推进BIM技术在装配式建筑规划、勘察、设计、生产、施工、装修、运行维护全过程的集成应用，实现工程建设项目全生命周期数据共享和信息化管理。

◆《施工企业工程建设技术标准化管理规范》JGJ/T 198—2010规定：

3.0.2 施工企业工程建设技术标准化管理，应以提高企业技术创新和竞争能力，建立企业施工技术管理的最佳秩序，获得好的质量、安全和经济效益为目的。

◆ 湖南省人民政府办公厅《关于加快推进装配式建筑发展的实施意见》〔2017〕28号规定：

（二）提升信息化管理水平。到2018年底，全省实现装配式建筑设计、生产、储运、施工、装修、验收全过程的信息化动态监控，建立装配式建筑安全质量跟踪追溯体系。

（三）实现建筑业转型升级。大力推进装配式建筑"设计-生产-施工-管理-服务"全产业链建设，打造一批以"互联网＋"和"云计算"为基础，以BIM（建筑信息模型）为核心的装配式建设工程设计集团和规模以上生产、施工龙头企业，促进传统建筑产业转型升级，到2020年，建成全省千亿级装配式建筑产业集群。

◆《上海市工程建设规范住宅建筑绿色设计标准》DGJ 08-2139—2014规定：

2.0.3 工业化住宅

采用现代化的科学技术手段，以先进的、集中的、工业化生产方式建造的住宅；工业化住宅的标志是住宅建筑设计标准化，构件生产工厂化，施工机械化和组织管理科学化。

◆《建设工程项目管理规范》GB/T 50326—2006指出：

修编本规范的目的是贯彻国家和政府主管部门有关法规政策，总结我国二十年来学习借鉴国际先进管理方法，推进建设工程管理体制改革的主要经验，进一步深化和规范工程项目管理的基本做法，促进工程项目管理科学化、规范化和法制化，不断提高建设工程项目管理水平。

◆《城市地下管线探测技术规程》CJJ 61—2003规定：

条文说明

3.0.2 本条规定了地下管线探测的任务：查明地下管线的平面位置、走向、埋深（或高程）、规格、性质、材质等，并编绘地下管线图，有条件的城市应建立地下管线信息管理系统，以便对地下管线实行动态管理，以实现管理科学化、现代化、信息化，适应现代化城市建设的需要。

【具体评价方式】：查阅相关技术文件、施工组织设计等。

技术性能指标的评价标准具体内容见表7-1。

技术性能指标的评价标准 表 7-1

评价指标		评价参数	评价等级的确定			
			优秀	良好	一般	合格
安全控制		按《建筑施工安全技术统一规范》GB 50870—2013 分为安全管理、文明施工、起重吊装、施工机具、垂直运输施工用电等方面，依据《建筑施工安全检查标准》JGJ 59—2011 中的建筑安全检查评分表评分	90 分以上	（80～89）分	（70～79）分	（60～69）分
质量控制		包括基础、主体、装饰装修、楼屋面、围护结构工程的施工质量验收，根据各分部工程对应施工规范，结合《建筑工程施工质量评价标准》GB/T 50375—2006 评分（目前 GB/T 50375—2016 为最新版本）	90 分以上	（80～89）分	（70～79）分	（60～69）分
标准化水平	构件、部品标准化	衡量方法：构配件、部品标准化程度＝可进行标准化设计的构配件和部品的数量/全部构配件、部品的数量	① 在单体建筑中重复使用量最多的三个规格构件的总个数占同类构件总个数的比例，预制梁、预制柱、预制外承重墙板、内承重墙板、外挂墙板均不低于 50%；预制楼梯、预制叠合楼板不低于 60%；② 在单体建筑中重复使用量最多的一个规格构件的总个数占同类构件总个数的比例，预制楼梯不低于 70%、预制内隔墙板不低于 50%、预制阳台不低于 50%；③ 集成式卫生间、整体橱柜在单体建筑中重复使用量最多的三个规格的总个数占同类部品总数量的比例不低于 70%	① 在单体建筑中重复使用量最多的三个规格构件的总个数占同类构件总个数的比例，预制梁、预制柱、预制外承重墙板、内承重墙板、外挂墙板 40%～50%；预制楼梯、预制叠合楼板 50%～60%；② 在单体建筑中重复使用量最多的一个规格构件的总个数占同类构件总个数的比例，预制楼梯 60%～70%、预制内隔墙板 40%～50%、预制阳台 40%～50%；③ 集成式卫生间、整体橱柜在单体建筑中重复使用量最多的三个规格的总个数占同类部品总数量的比例 60%～70%	① 在单体建筑中重复使用量最多的三个规格构件的总个数占同类构件总个数的比例，预制梁、预制柱、预制外承重墙板、内承重墙板、外挂墙板均 30%～40%；预制楼梯、预制叠合楼板不低于 40%～50%；② 在单体建筑中重复使用量最多的一个规格构件的总个数占同类构件总个数的比例，预制楼梯 50%～60%、预制内隔墙板 30%～40%、预制阳台 30%～40%；③ 集成式卫生间、整体橱柜在单体建筑中重复使用量最多的三个规格的总个数占同类部品总数量的比例不低于 50%～60%	① 在单体建筑中重复使用量最多的三个规格构件的总个数占同类构件总个数的比例，预制梁、预制柱、预制外承重墙板、内承重墙板、外挂墙板 20%～30%；预制楼梯、预制叠合楼板不低于 30%～40%；② 在单体建筑中重复使用量最多的一个规格构件的总个数占同类构件总个数的比例，预制楼梯 40%～50%、预制内隔墙板不低于 20%～30%、预制阳台 20%～30%；③ 集成式卫生间、整体橱柜在单体建筑中重复使用量最多的三个规格的总个数占同类部品总数量的比例不低于 40%～50%

评价指标		评价参数	评价等级的确定			
			优秀	良好	一般	合格
标准化水平	连接构造标准化	围护外墙、内墙、剪力墙、楼梯、阳台等部品与主体结构的连接构造形式的标准化程度，考察连接是否具备标准化设计、符合安全、经济、方便施工等要求；考察是否制定针对工程中各种类型连接部位的施工工艺标准或者指导书				
施工建造装配化	构件预制率及部品装配率	装配率：单体建筑室外地坪以上的主体结构、围护墙和内隔墙、装修与设备管线等采用预制部品部件的综合比例	装配率：≥91%	装配率：76%～90%	装配率：60%～75%	装配率：50%～59%
	机械化程度	反映出使用机械代替人力或减轻劳动强度的程度。目前一些指标体系中关于施工机械化程度多以专家意见定性评价为主	单位建筑面积人工用量减少50%以上	单位建筑面积人工用量减少40%～50%以上	单位建筑面积人工用量减少20%～40%以上	单位建筑面积人工用量减少10%～20%以上
组织管理科学化程度		建立构件施工管理系统；将设计阶段信息模型与时间、成本信息关联整合进行管理；结合构件中的身份识别标识，记录构件吊装、施工关键信息，追溯、管理构件施工质量、施工进度等；具备合理运输组织方案，内容包括运输时间、次序、运输路线、固定要求、堆放支垫及成品保护，且减少二次倒运和现场堆放				

7.1.2 经济性能指标

经济性能指标中下一级指标的评价标准未能有详细的国家规范或标准，因此其评价多是以专家意见定性评价为主，评价标准是依据施工组织设计、评标文件以及相关文献资料而确定的，具体内容见表7-2。

经济性能指标的评价标准　　　　　　　　　　　　　　　　表 7-2

评价指标		评价参数	评价等级的确定			
			优秀	良好	一般	合格
资源配置控制	人员资源配置	① 是否挑选技术过硬、数量足够的机械类专业技术人员、技师、技工，组建一支有丰富实践经验和技术理论知识的专业队伍。②是否对施工设备管理人员、操作人员、修理人员组织进行岗前培训并执证上岗，同时定期进行考核。 此项多以专家意见定性评价为主				
	材料资源配置	①是否具有材料供应管理办法、材料供应计划及供应方案；②是否在材料进场实行检验制度。 此项多以专家意见定性评价为主				
	机械资源配置	① 是否具有施工机械设备配置方案、进场计划；②施工机械的技术性能是否满足施工要求；③是否具有机械设备的使用、维护和保养制度。 此项多以专家意见定性评价为主				
	信息管理资源配置	① 是否在项目实施过程中配置相应的管理软件、技术软件、应有互联网、物联网等；②是否对信息资源进行收集与整理、发布与宣传、利用与反馈。 此项多以专家意见定性评价为主				

续表

评价指标	评价参数	评价等级的确定			
		优秀	良好	一般	合格
现金成本控制	投资回收期	项目的净收益抵消其全部投资所需要的时间（R）	与同类项目的平均回收期（R'）相比，减少5%以上	与同类项目的平均回收期相比，减少1%~5%	与同类项目的平均回收期相等	与同类项目的平均回收期相比，增加1%~5%
	现场管理优化	考察在项目施工过程保障质量安全的前提下，降低人工机械费；缩短施工工期；降低材料设备费；优化管理水平，加强管理措施并且合理规划运用施工场地来降低措施费。此项多以专家意见定性评价为主				
	施工方案优化	是否进行施工方案的优化，至少应有两套施工方案，并进行对比分析。此项多以专家意见定性评价为主				
	人材机费用控制	①人工费的控制（人工费一般控制10%左右）；②材料费的控制（材料费一般占全部工程费的50%~70%）③是否合理选配机械设备，尽量利用自有的机械设备，降低租赁成本；是否加强现场设备的维修和保养工作，降低大面积修理、经常性修理等各项费用的开支；尽量减少施工中所消耗的机械台班数量，是否合理组织施工机械调配，提高机械设备的利用率。此项多以专家意见定性评价为主				
	签证监督	签证内容是否完整、具体、准确无误，是否如实反映工程实际；是否保证一事一单；现场签证办理是否及时，未影响到工程施工；各类签证是否及时备案。此项多以专家意见定性评价为主				
	索赔控制	合同文件规定是否严谨，内容是否全面而明确；是否写明发包人为承包人提供合同约定的施工条件，是否按照合同约定的期限和数额付款；是否对可能引起的索赔有所预测，并及时采取补救措施；承包人是否按合同约定的质量、期限完工；工程变更是否合理。此项多以专家意见定性评价为主				
工期优化	组织措施	通过生产要素的优化配置与动态管理，是否有效控制实际成本，是否合理安排施工进度，进行设备进出场管理，加强设备的调度工作，避免因施工计划不周和盲目调度造成窝工损失、增加施工成本。此项多以专家意见定性评价为主				
	技术措施	是否进行技术经济分析，确定最佳施工方案，采用合理的施工技术，加强现场设备的维修和保养，防止因使用不当造成的机械故障和损坏。此项多以专家意见定性评价为主				
	合同措施	是否明确合同工期，工程款支付控制对策，合同延期控制对策，是否明确违约责任，奖惩激励机制等。此项多以专家意见定性评价为主				
	经济措施	是否进行经济激励，是否编制资金需求计划和供应条件，是否资金包干，专款专用。此项多以专家意见定性评价为主				

【评价依据扩展】：

1."投资回收期"评价指标

◆《公共建筑节能改造技术规范》JGJ 176—2009 规定：

在工程中，评价项目的经济性通常用投资回收期法。投资回收期是指项目投资的净收益回收项目投资所需要的时间，一般以年为单位。投资回收期分为静态投资回收期和动态投资回收期，两者的区别为静态投资回收期不考虑资金的时间价值，而动态投资回收期考虑资金的时间价值。

◆《可再生能源建筑应用工程评价标准》GB/T 50801—2013 规定：

静态投资回收年限（静态投资回收期）也是衡量经济效益的指标之一。是指以投资项目经营净现金流量抵偿原始总投资所需要的全部时间，是不考虑资金的时间价值时收回初始投资所需要的时间。它有"包括建设期的投资回收期"和"不包括建设期的投资回收期"两种形式。其单位通常用"年"表示。投资回收期一般从建设开始年算起，也可以从投资年开始算起，计算时应具体注明。

2."现场管理优化"评价指标

◆《威海市工程建设现场管理标准》2007-6-1规定：

1.0.1 为提高房屋建筑和市政基础设施工程建设现场管理水平，实现建设现场管理科学化、规范化和系统化，促进行业科学发展、和谐发展，结合工程实际，制定本标准。

3."索赔控制"评价指标

◆《建设工程监理规范》GB/T 50319—2013规定：

6.1.1 项目监理机构应依据建设工程监理合同约定进行施工合同管理，处理工程暂停及复工、工程变更、索赔及施工合同争议、解除等事宜。

◆《黑龙江省建设工程造价计价管理办法》规定：

第三十九条 索赔是指在合同履行过程中，对于并非自己的过错，而是应由对方承担责任的情况造成的实际损失，向对方提出经济补偿和（或）时间要求。当提出索赔时，要有正当的理由，且有索赔事件发生时的有效证据。

◆《建设工程工程量清单计价规范》GB 50500—2013规定：

9.13.1 当合同一方向另一方提出索赔时，应有正当的索赔理由和有效证据，并应符合合同的相关约定。

9.13.2 根据合同约定，承包人认为非承包人原因发生的事件造成了承包人的损失，应按下列程序向发包人提出索赔。

4."签证监督"评价指标

◆《九江市中心城区城建工程签证管理制度》2010规定：

一、签证原则

1、工程施工单位应严格按施工图纸施工，不得任意更改，发生合同中约定可以变更的情况或非施工单位原因造成的工程内容及工程量的增减经批准后，方能实施签证。

2、签证必须在确保工程技术标准和质量标准保持不变的前提下，方能实施签证。

◆《博尔塔拉蒙古自治州政府投资建设项目监督检查办法（试行）》规定：

第十五条 严格项目设计变更和经济技术签证环节的监管。对涉及工程造价增减的变更设计，由建设单位（或业主）报请建设组研究提出初步意见，监督组审核同意后，交项目建设领导小组研究决定。经济技术签证须建设、监理、施工三方签字并加盖公章。

◆ 株洲市人民政府办公室《关于印发株洲市市政基础设施改造工程管理办法的通知》规定：

第十三条 市建筑工程质量安全监督管理处负责大中修和改扩建施工过程的检查、监督。重大设计变更及签证须报市建设局审查通过后方可实施。

5."人材机费控制"评价指标

◆《建设工程造价咨询规范》GB/T 51095—2015规定：

5.2.11 各子目综合单价的确定可采用概算定额法和概算指标法。

1 概算定额法。采用概算定额法时，其人工费、材料费、施工机械费应依据相应的概算定额子目的人材机要素消耗量，以及报告编制期人、材、机的市场价格等因素确定，形成直接费。

2 概算指标法。采用概算指标法时应结合拟建工程项目特点，参照类似工程的分部分项工程（一般是扩大或综合的分部分项工程）概算指标，并应考虑指标编制期与报告编制期的人、材、机要素价格等变化情况确定该分部分项工程子目的全费用综合单价。

◆《建设工程造价咨询规范》GB/T 51095—2015 规定：

5.3.9 各子目综合单价的计算可通过预算定额及其配套的费用定额确定。其中人工费、材料费、机械费应依据相应的预算定额子目的人材机要素消耗量，以及报告编制期人材机的市场价格等因素确定。

6."人员资源配置"评价指标

◆《建设项目工程总承包管理规范》GB/T 50358—2005 规定：

2.0.41 项目人力资源管理

项目人力资源管理包括保证参加项目的人员能够被最有效使用所需要的过程。它包括：组织策划、人员获得、团队开发等过程。

7."信息管理资源控制"评价指标

◆《水运工程机电专项监理规范》JTS 252-1—2013 规定：

7.2 信息管理

7.2.1 监理机构应对信息的收集、分类、处理、储存、传递和发布设立台账进行管理，并根据工程建设需要建立计算机信息管理系统。

7.2.2 监理机构应建立信息收集、整理、保存和传递等管理制度，并实施动态管理。

7.2.3 工程相关方信息流可分为发包人信息、工程各阶段承包人信息、政府监管部门信息和监理单位信息。

7.2.4 工程监理信息应包括质量控制、安全环保、费用控制、进度控制和合同管理等信息。

【具体评价方式】：查阅相关技术文件、施工组织设计、内业档案等。

7.1.3 绿色可持续性指标

1."不可再生资源投入"评价指标

【评价标准和依据】：《绿色施工导则》（建质［2007］223 号）中的第 1.1 条。

【评价依据扩展】：

◆《城乡规划工程地质勘察规范》CJJ 57—2012 规定：

建设项目选址应当节约、集约利用土地，合理、集中布局。国土资源属于不可再生资源，对于不适宜工程建设的土地尤其应慎重。

◆《灌区规划规范》GB/T 50509—2009 规定：

8.0.2 土地资源是十分宝贵的不可再生资源，工程建设必须贯彻"十分珍惜、合理利用土地和切实保护耕地"的基本国策。

【具体评价方式】：查阅工程量清单及其相关文件。

2."施工管理"评价指标

【评价标准和依据】：《绿色施工导则》（建质［2007］223 号）中的第 1.6 条、4.1.1 条、4.1.2 条；国家标准《建筑工程绿色施工评价标准》GB/T 50640—2010 中的第 3.0.2

条；国家标准《建筑工程绿色施工规范》GB/T 50905—2014 中的第 3.1.1 条、4.0.3 条。

【评价依据扩展】：

◆《天津市建设工程文明施工管理规定》规定：

第一条　为加强本市建设工程文明施工管理，提高施工管理水平，维护城市市容整洁，保障人身和公共安全，根据国家有关法律、法规，结合本市实际情况，制定本规定。

第八条　施工现场实行安全文明施工质量标准化管理达标评估制度。

◆《云南省建筑施工现场管理规定》规定：

第一条　为了加强建筑施工现场管理，保障施工人员及其他有关人员的人身安全和健康，根据《中华人民共和国建筑法》，结合本省实际，制定本规定。

第二条　本规定适用于在本省行政区域内从事房屋建筑及其附属设施的建造和与其配套的线路、管道、设备的安装等建筑施工现场的安全生产、文明施工活动。

【具体评价方式】：查阅企业 ISO 14000 管理体系文件、OHSAS 18000 管理体系文件；查阅该项目组织机构的相关制度文件、施工项目部组织机构图和经审批的施工方案；重点查阅项目施工管理体系和组织机构是否有针对绿色施工而制定或设置的相应内容及其落实情况。

3. "环境保护"评价指标

【评价标准和依据】：《绿色施工导则》（建质［2007］223 号）中的第 4.1.2 条、4.2.6 条；国家标准《建设项目工程总承包管理规范》GB/T 50358—2005 中的第 8.2.2、8.7.2 条；行业标准《建设工程施工现场环境与卫生标准》JGJ 146—2013 中的第 3.0.2 条；《中华人民共和国环境保护法》第二十四条、《中华人民共和国建设项目环境保护管理条例》第三条。国家标准《建筑工程绿色施工规范》GB/T 50905—2014 中的第 3.3.1 条；国家标准《绿色建筑评价标准》GB/T 50378—2014 中的第 9.2.3 条。

【评价依据扩展】：

◆《施工企业工程建设技术标准化管理规范》JGJ/T 198—2010

7.1.3 条　施工企业技术标准编制应积极采用新技术、新工艺、新设备、新材料，合理利用资源、节约能源，符合环境保护政策的要求；纳入标准的技术应成熟、先进，并且针对性强、有可操作性。

◆《机械工业环境保护设计规范》GB 50894—2013 规定：

1.0.3 条　《建设项目环境保护管理条例》规定，改建，扩建项目和技术改造项目必须采取措施，治理与该项目有关的原有环境污染和生态破坏。

◆《武汉市环境保护条例》2010

第二十八条　城市新区开发和旧区改建必须根据城市规划，配套建设基础设施和公共设施，按照环境质量区的划分和国家规定的标准，疏散严重污染扰民的污染源，改善城市环境质量。

◆《西宁市环境保护条例》2011

第十一条　发展改革、规划、国土资源、建设、林业、水利和其他有关行政管理部门在编制土地利用、区域和流域开发建设等规划，以及进行城市布局、产业结构调整时，应当符合环境功能区划的要求，凡不符合环境功能区划的建设项目，不得批准建设；环境质量达不到环境功能区划要求的地区，应当进行区域环境综合整治。

【具体评价方式】：查阅企业 ISO 14001 管理体系文件、环境保护计划，审核计划的可行性，查阅环境保护计划实施记录文件。查阅施工单位编制的降尘、降噪计划书或绿色施工专项方案中降尘、降噪相关内容，并检查其可行性。查阅建筑施工废弃物减量化资源化计划，建筑施工废弃物回收单据及回收率计算书，废弃物排放量等。

4. "节材与材料利用"评价指标

【评价标准和依据】：《绿色施工导则》（建质［2007］223 号）中的第 4.3.1、4.3.2、4.3.5 条；国家标准《建筑工程绿色施工评价标准》GB/T 50640—2010 中的第 6.2.2 条；国家标准《绿色建筑评价标准》GB/T 50378—2014 中的第 9.2.7 条。

【评价依据扩展】：

◆《工业企业节约原材料评价导则》GB/T 29115—2012 规定：

3.1 条 节约原材料

通过加强管理，采取技术上先进可行、经济上合理的措施，在原材料生产、使用、流通、回收再利用等各个环节，降低原材料消耗。

◆《评价企业节约钢铁材料技术导则》GB/T 15512—2009 规定：

3.1 条 钢铁材料节约

通过加强管理，采取技术上先进可行、经济上合理以及环境和社会可以承受的措施，从钢铁材料生产、加工、流通、使用以及废钢铁回收再利用等各个环节，降低消耗，制止浪费，提高钢铁材料的生产效率和利用效率。

◆《绿色超高层建筑评价技术细则》规定：

7 节材与材料资源利用

7.1.1 建筑造型要素简约，无大量装饰性构件。

条文说明：建筑是艺术和技术的综合体，但为了片面追求美观而以巨大的资源消耗为代价，不符合绿色建筑的基本理念。鼓励设计师利用功能性构件作为建筑造型的语言，通过使用功能装饰一体化构件，在满足建筑功能的前提下表达丰富的美学效果，并节约材料资源。

◆《绿色航站楼标准》MH/T 5033—2017 规定：

8.1.1 航站楼建设应使用绿色环保建筑材料及产品，不得使用国家和地方禁止和限制使用的建筑材料及产品。

8.1.4 在设计阶段，应明确各功能区的使用性质和要求，减少建设期间功能及材料的变更，避免因拆改所造成的资源浪费。

条文说明：功能区使用性质及选用材料的不确定性可能引起对已建成部分的拆除，进而产生材料浪费，增加施工垃圾，有悖于建设绿色航站楼的基本原则。因此对于不确定的功能区域或有特殊要求的服务区域建议预留位置范围，直至明确功能或使用方后，再建或自建，达到减少材料浪费，保护自然资源的目的。

◆《住宅性能评定技术标准》GB/T 50362—2005 规定：

6.5.1 节材的评定应包括可再生材料利用、建筑设计施工新技术、节材新措施和建材回收率 4 个分项，满分为 20 分。

◆《江苏省绿色建筑设计标准》DGJ32/J 173—2014 规定：

7.5.4 建筑材料的可再循环和可再利用是建筑节材与材料资源利用的重要内容。本条的设置旨在整体考量建筑材料的循环利用对于节材与材料资源利用的贡献，评价范围是永久性安装在工程中的建筑材料，不包括电梯等设备。采用可再循环利用材料，可以减少生产加工新材料带来的资源、能源消耗和环境污染，具有良好的经济、社会和环境效益。我国目前主要的产品有各种轻质墙板、保温板、装饰板、门窗等。快速再生天然材料及其制品的应用，一定程度上可节约不可再生资源，并且不会明显地损害生物多样性，不会影响水土流失和影响空气质量，是一种可持续的建筑材料。

【具体评价方式】：查阅成型钢筋进货单、钢筋用量结算清单、核算成型钢筋使用率；钢筋进货单、钢筋工程量清单、核算施工单位统计的现场加工钢筋损耗率。

5. "节水与水资源利用"评价指标

【评价标准和依据】：《绿色施工导则》（建质〔2007〕223号）中的第4.1.2、4.4条；国家标准《建筑工程绿色施工规范》GB/T 50905—2014中的第3.2.2条；国家标准《绿色建筑评价标准》GB/T 50378—2014中的第9.2.5条。

【评价依据扩展】：

◆ 2017年4月1日《青海省促进绿色建筑发展办法》规定：

第三十条　新建、改建、扩建建筑，建设单位应当使用取得标识的绿色建材，并配套建设节水设施，选用节水器具，场地排水管网建设应当采用雨污分流技术。节水设施应当与主体工程同时设计、同时施工、同时投入使用。

鼓励新建建筑安装雨水收集装置。建筑的景观用水、绿化用水、道路冲洗用水，优先采用雨水、再生水等非传统水源。

◆ 2008年9月1日《海口市城市供水排水节约用水管理条例》规定：

第一条　为加强本市供水、排水和节约用水管理，合理开发、利用、保护水资源，促进经济和社会的可持续发展，根据国家有关法律、法规，结合本市实际，制定本条例。

◆《住宅性能评定技术标准GB/T》50362—2005规定：

6.3.1　节水的评定应包括中水利用、雨水利用、节水器具及管材、公共场所节水措施和景观用水5个分项，满分为40分。

◆《淄博市水资源保护管理条例》

第十一条　市水行政主管部门应当根据水资源保护与开发利用规划，按照优先利用区域外调入水、合理利用地表水、控制开采地下水、积极利用雨洪水、推广使用再生水、大力开展节约用水的原则，制定水资源调度配置方案和调度计划，对区域外调入水、地表水和地下水实行统一调度，合理配置。

【具体评价方式】：查阅施工节水和用水方案及其实施情况报告。

6. "节能与能源利用"评价指标

【评价标准和依据】：《绿色施工导则》（建质〔2007〕223号）中的第4.1.2、4.5条；国家标准《建筑工程绿色施工规范》GB/T 50905—2014中的第3.2.3条；国家标准《建筑工程绿色施工评价标准》GB/T 50640—2010中的第8.1.1、8.1.2、8.1.3、8.2.4条；国家标准《绿色建筑评价标准》GB/T 50378—2014中的第9.2.4条。

【评价依据扩展】：

◆ 2016年2月6日国务院《关于进一步加强城市规划建设管理工作的若干意见》指出：

（十二）推广建筑节能技术。提高建筑节能标准，推广绿色建筑和建材。支持和鼓励各地结合自然气候特点，推广应用地源热泵、水源热泵、太阳能发电等新能源技术，发展被动式房屋等绿色节能建筑。完善绿色节能建筑和建材评价体系，制定分布式能源建筑应用标准。分类制定建筑全生命周期能源消耗标准定额。

◆《"十三五"装配式建筑行动方案》规定：

（八）促进绿色发展

装配式建筑要与绿色建筑、超低能耗建筑等相结合，鼓励建设综合示范工程。装配式建筑要全面执行绿色建筑标准，并在绿色建筑评价中逐步加大装配式建筑的权重。推动太阳能光热光伏、地源热泵、空气源热泵等可再生能源与装配式建筑一体化应用。

◆ 新疆维吾尔自治区工程建设标准《装配式混凝土建筑设计规程》XJJ/—2017 规定：

5.6.1　装配式混凝土建筑节能设计应符合国家和地方现行建筑节能设计标准的规定。建筑外围护结构应根据地方气候条件合理选材，满足保温、隔热和防潮要求，同时兼顾材料的热稳定性能。

5.6.2　预制混凝土外墙板的保温材料及其厚度应按照国家和地方现行建筑节能设计标准的热工性能指标（传热系数）要求进行验算后确定。带有门窗的预制混凝土外墙板，应分别计算墙板和门窗的传热系数。

◆ 北京市地方标准《装配式剪力墙住宅建筑设计规程》DB11/T 970—2013 规定：

8.0.1　装配式剪力墙住宅的外围护结构热工设计应符合国家和北京市现行的建筑节能设计标准，并应从外墙、屋顶、门窗、楼板、分户墙、窗墙面积比以及外墙外饰面材料的色彩等方面进行节能设计。

8.0.2　预制外墙的保温材料及其厚度应按北京地区的气候条件和建筑围护结构热工设计要求确定，并符合当采暖居住建筑采用预制夹心外墙板时，其保温层宜连续，保温层厚度应满足北京地区建筑围护结构节能设计要求。

◆《上海市绿色建筑发展三年行动计划（2014—2016）》规定：

（三）稳步推进既有建筑节能改造

2. 优化既有公共建筑节能改造机制。健全和完善机关、商场、宾馆、学校、医院、文化、体育等各类公共建筑合理用能指南，研究出台不同类型公共建筑能耗定额。在完善公共机构能耗统计、能源审计、能效公示管理制度的同时，探索建立各类公共建筑能耗对标、限额管理制度，加快研究制定公共建筑超限额用能（用电）惩罚性电价政策，完善并严格节能执法监察制度，形成有效推动既有公共建筑节能改造机制。鼓励采取合同能源管理模式进行既有公共建筑节能改造，探索开展公共建筑碳排放交易或节能量交易，对超碳排放总量配额或超能耗限额的公共建筑，采取强制节能改造、购买碳排放配额或节能量的方式实现节能目标。

◆ 装配式整体厨房应用技术标准（征求意见稿）规定：

5.5　建筑节能

5.5.1　住宅装修应推行标准化、模数化及多样化，并应积极采用新技术、新材料、新产品，积极推广工业化设计、建造技术和模数应用技术。

条文说明：随着中国经济的发展，劳动力逐渐成为最稀缺的资源，人力成本越来越高。住宅装修中实现标准化，并不断采用新技术、新材料、新产品，推广新技术下的工业化建造模式，减少人力的投入，节约成本。

5.5.2　宜采用可循环使用、可再生使用的节能材料。

条文说明：在满足厨房材料使用的安全性能的前提下，尽可能使用可循环使用、可再生使用的材料，减少资源的浪费。

◆《公共建筑节能改造技术规范》JGJ 176—2009 规定：

9.3.1 公共建筑进行节能改造时，应根据当地的年太阳辐射照量和年日照时数确定太阳能的可利用情况。

9.3.2 公共建筑进行节能改造时，采用的太阳能系统形式、应根据所在地的气候、太阳能资源、建筑物类型、使用功能、业主要求、投资规模及安装条件等因素综合确定。

◆《农村居住建筑节能设计标准》GB/T 50824—2013 规定：

4.3.5 农村居住建筑的房间功能布局应合理、紧凑、互不干扰，并应方便生活起居与节能。

◆《住宅性能评定技术标准》GB/T 50362—2005 规定：

6.2.1 节能的评定应包括建筑设计、围护结构、采暖空调系统和照明系统 4 个分项，满分为 100 分。

【具体评价方式】：查阅施工节能和用能方案及其实施情况报告。

7. "节地与施工用地利用"评价指标

【评价标准和依据】：《绿色施工导则》（建质〔2007〕223 号）中的第 4.1.2、4.6 条；国家标准《建筑工程绿色施工规范》GB/T 50905—2014 中的第 3.2.4、5.1.2 条；国家标准《建筑工程绿色施工评价标准》GB/T 50640—2010 中的第 9.1.1、9.1.2、9.2.1、9.3.5 条。

【评价依据扩展】：

◆《公路环境保护设计规范》JTG B04—2010 规定：

4.2.5 公路工程应结合土地利用规划，重视土石方调配，在技术经济比较的基础上，合理的选择取、弃土场位置及取、弃土方式；减少施工和取土坑、弃土场用地；严禁占用基本农田取、弃土。

4.2.9 公路工程征用土地宜利用非耕地和废弃地、少占耕地、保护土地资源。

◆ 2017 年 4 月 1 日《青海省促进绿色建筑发展办法》规定

第三十一条 新建建筑应当推进土地节约利用，按照开发利用规划和相关标准开发地下空间。

◆《重庆市城乡规划条例》规定：

第五条 城市总体规划、镇总体规划及乡规划、村规划的编制，应当依据国民经济和社会发展规划，并与土地利用总体规划相衔接。

◆《住宅性能评定技术标准》GB/T 50362—2005 规定：

6.4.1 节地的评定应包括地下停车比例、容积率、建筑设计。新型墙体材料、节地措施、地下公建和土地利用 7 个分项，满分为 40 分。

◆《朔州市土地利用总体规划（2006—2020 年）》规定：

第二十条 统筹协调，有序保障

按照建设资源节约型和环境友好型社会的要求，统筹安排城乡、区域用地布局，统筹安排城镇发展用地、工矿用地、交通水利用地以及其他建设用地时序，强化土地利用分区空间引导，科学保障全市经济社会发展对各类用地的需求，依据优先保障生态用地、基础设施用地，重点保障中心城区、中心城镇和优势产业用地的原则，高效优化配置土地资源，促进生态环境、资源、经济、社会协调发展。

第二十一条　集约挖潜，循环利用

充分利用现有建设用地，大力提高建设用地利用效率，严格执行闲置土地处置政策，推进中心城区、中心城镇、一般城镇和工业项目集聚区用地的集约利用，促进产业和人口集中布局，实现由外延扩张到内涵挖潜的全面转变。遵循循环经济、低碳经济理念和原则，土地要素纳入循环利用体系，将土地生态环境治理由外部处理转化为内部消化，不断减少土地资源利用过程中对生态环境和人居环境产生的负面影响，实现"资源、环境、增长"协调发展的循环经济模式。

◆《河北省土地利用总体规划实施管理办法》规定：

第二条　在本省行政区域内（含芦台经济开发区、汉沽管理区）进行土地利用总体规划公告、土地利用年度计划管理、建设项目用地预审、建设用地审批、城乡建设用地增减挂钩审批、工矿废弃地复垦利用审批、土地整治项目立项、城乡规划审查、土地利用总体规划修改调整审批以及其他与土地利用总体规划相关的管理活动，适用本办法。

【具体评价方式】：查阅施工总平面图、施工组织设计中节地与施工用地利用方案及其实施情况报告。

绿色可持续性指标的评价标准具体见表 7-3 所示。

绿色可持续性指标的评价标准

表 7-3

评价指标		评价参数	评价等级的确定			
			优秀	良好	一般	合格
不可再生资源投入			新技术应用或者生产过程中对不可再生的耗竭性资源的投入；考察是否有效控制不可再生资源及其产品的投入情况，建筑工程中的不可再生资源一般是生产水泥的矿产资源，还有散装水泥、低性能钢材等材料的使用			
绿色施工	施工管理		是否建立以项目经理为第一责任人的绿色施工领导小组，并明确绿色施工管理员。是否明确绿色施工管理控制目标，并分解到各阶段和相关管理人员。是否在施工组织设计中独立成章，方案中"四节一环保"内容齐全，并应按企业规定进行审批。 针对具体工程分别设定"四节一环保"控制指标，定期进行计量、核算、对比分析，并有预防与纠正措施			
	环境保护	建筑材料、建筑生活垃圾、机具设备的管理及利用，场地及周边设施的保护，声光电污染控制等	①制定环境管理计划及应急救援预案，采取有效措施，降低环境负荷，保护地下设施和文物等资源；②采取洒水、覆盖、遮挡等降尘措施；③采取有效的降噪措施；④制定并实施施工废弃物减量化、资源化计划（可回收施工废弃物的回收率≥80%；每 10000m² 建筑面积的施工固体废弃物排放量 SW_c≤300t）	①制定环境管理计划及应急救援预案，采取有效措施，降低环境负荷，保护地下设施和文物等资源；②采取洒水、覆盖、遮挡等降尘措施；③采取有效的降噪措施；④制定并实施施工废弃物减量化、资源化计划（70%≤可回收施工废弃物的回收率<80%；每 10000m² 建筑面积的施工固体废弃物排放量 300t<SW_c≤350t）	①制定环境管理计划及应急救援预案，采取有效措施，降低环境负荷，保护地下设施和文物等资源；②采取洒水、覆盖、遮挡等降尘措施；③采取有效的降噪措施；④制定并实施施工废弃物减量化、资源化计划（60%≤可回收施工废弃物的回收率<70%；每 10000m² 建筑面积的施工固体废弃物排放量 350t<SW_c≤400t）	①制定环境管理计划及应急救援预案，采取有效措施，降低环境负荷，保护地下设施和文物等资源；②采取洒水、覆盖、遮挡等降尘措施；③采取有效的降噪措施；④制定并实施施工废弃物减量化、资源化计划（50%≤可回收施工废弃物的回收率<60%；每 10000m² 建筑面积的施工固体废弃物排放量 350t<SW_c≤400t）

评价指标		评价参数	评价等级的确定			
			优秀	良好	一般	合格
绿色施工	节材与材料利用	施工组织对材料利用的优化，现场材料管理、损耗率的控制等	① 采用工厂化加工的钢筋不低于80%，钢筋损耗率≤1.5%； ② 最大限度地采用预制构件，减少预拌混凝土的损耗，混凝土的损耗率不大于1.5%	① 采用工厂化加工的钢筋不低于75%，1.5%＜钢筋损耗率≤2.0%； ② 最大限度地采用预制构件，减少预拌混凝土的损耗，混凝土的损耗率不大于2.0%	① 采用工厂化加工的钢筋不低于70%，2.0%＜钢筋损耗率≤3.5%； ② 最大限度地采用预制构件，减少预拌混凝土的损耗，混凝土的损耗率不大于2.5%	① 采用工厂化加工的钢筋不低于70%，3.5%＜钢筋损耗率≤4.0%； ② 最大限度地采用预制构件，减少预拌混凝土的损耗，混凝土的损耗率不大于3.0%
	节水与水资源利用	供水管网设计、水质检测与卫生保障措施，节水器具配置比率等	实际用水量比计算用水量节约≥15%	实际用水量比计算用水量节约≥10%	实际用水量比计算用水量节约≥5%	实际用水量比计算用水量节约＜5%
	节能与能源利用	功率负载匹配优化，能耗控制，节能器具采用比率	电能比标准定额节约量≥3%；燃油比标准定额节约量≥2%	电能比标准定额节约量≥2%；燃油比标准定额节约量≥1.5%	电能比标准定额节约量≥1%；燃油比标准定额节约量≥1%	电能比标准定额节约量＜1%；燃油比标准定额节约量＜1%
	节地与施工用地利用	施工场地布置是否合理，应有实施动态管理；临时用地应有审批用地手续；施工总平面布置应能充分利用和保护原有建筑物、构筑物、道路和管线等；布置施工临时设施；进行道路布置优化，二次运输优化				

7.1.4 产业政策效应指标

【评价标准和依据】：国家、地方出台的有利于建筑工业化、产业化方面的相关政策。

【评价依据扩展】：因国家、地方均有相关政策出台，本书仅给出国务院和住房和城乡建设部颁布或出台的关于建筑工业化、产业化方面的相关政策。

◆ 国务院办公厅《关于促进建筑业持续健康发展的意见》国办发〔2017〕19号规定：

（二十）加大政策扶持力度。加强建筑业"走出去"相关主管部门间的沟通协调和信息共享。到2025年，与大部分"一带一路"沿线国家和地区签订双边工程建设合作备忘录，同时争取在双边自贸协定中纳入相关内容，推进建设领域执业资格国际互认。

◆ 国务院办公厅《关于大力发展装配式建筑的指导意见》（国办发〔2016〕71号）规定：

（十三）加大政策支持。建立健全装配式建筑相关法律法规体系。结合节能减排、产业发展、科技创新、污染防治等方面政策，加大对装配式建筑的支持力度。支持符合高新技术企业条件的装配式建筑部品部件生产企业享受相关优惠政策。符合新型墙体材料目录的部品部件生产企业，可按规定享受增值税即征即退优惠政策。在土地供应中，可将发展装配式建筑的相关要求纳入供地方案，并落实到土地使用合同中。鼓励各地结合实际出台支持装配式建筑发展的规划审批、土地供应、基础设施配套、财政金融等相关政策措施。政府投资工程要带头发展装配式建筑，推动装配式建筑"走出去"。在中国人居环境奖评选、国家生态园林城市评估、绿色建筑评价等工作中增加装配式建筑方面的指标要求。

◆ 住房和城乡建设部《"十三五"装配式建筑行动方案》规定：

各省（区、市）住房城乡建设主管部门要制定贯彻国办发［2016］71号文件的实施方案，逐项提出落实政策和措施。鼓励各地创新支持政策，加强对供给侧和需求侧的双向支持力度，利用各种资源和渠道，支持装配式建筑的发展，特别是要积极协调国土部门在土地出让或划拨时，将装配式建筑作为建设条件内容，在土地出让合同或土地划拨决定书中明确具体要求。装配式建筑工程可参照重点工程报建流程纳入工程审批绿色通道。各地可将装配率水平作为支持鼓励政策的依据。

【具体评价方式】：依据专家定性评价为准。

产业政策效应指标的评价标准具体见表 7-4 所列。

产业政策效应指标的评价标准　　　　　　　　　　　表 7-4

评价指标		评价参数	评价等级的确定			
			优秀	良好	一般	合格
产业政策效应	政策导向	国家建筑产业政策对新技术的支持程度	重点支持	鼓励发展	引导发展	一般
	产业带动作用	新技术对产业的技术创新、相关产品的带动效应	具有很大带动作用	具有较大的带动作用	带动作用一般	具有较小的带动作用

7.2　施工与安装技术评价模型的建立

7.2.1　基于灰色聚类的评价模型

灰色聚类可分为灰色关联聚类和基于白化权函数的灰色聚类。灰色关联聚类是根据指标的灰色关联矩阵对指标进行聚类，进而删减一些不必要的评价指标，达到简化考察标准的目的。基于白化权函数的灰色聚类是根据评估对象关于其指标的观测值将评估对象归入预先设定的某个灰类的一种方法。装配式钢结构建筑施工与安装技术是一个典型的灰色系统，其中各指标层中既有定量指标又有定性指标，每一项功能都存在一个或几个灰数。本节利用基于白化权函数的灰色聚类方法，通过白化权函数的构建，建立装配式钢结构建筑施工与安装技术评价模型，使模型定量化，使得对专家打分的依赖性降低，从而增强技术评价的可操作性。

1. 聚类灰类的确定

设某聚类对象 i，有 m 个聚类指标，k 个不同的灰类，聚类对象 i 关于聚类指标 j 的量化平均值为 x_{ij}。根据装配式钢结构建筑施工与安装技术指标及指标评价标准，聚类对象 $i=2$、$m=12$；$j=4$；考虑到思维最大可能分辨能力，此评价具有"优"、"良"、"一般"和"合格"4 个不同的灰类，即 $k=4$，将各个指标评价分值转化为百分制，取值范围在 $[60，100]$，另外，评价指标的取值范围可以向左、向右进行延拓，因为百分制最高为 100

分，只能向左延拓，故最终评价指标的取值范围为 $[50，100]$。

2. 白化权函数的建立

按照聚类对象划分，白化权函数是研究者结合已知信息和自己的主观判断设计的一种能够反映指标观测值在灰类取值范围内取值的可能性大小的函数，其基本形式有四种：典型白化权函数、下限测度白化权函数、适中测度白化权函数和上限测度白化权函数。以这四种白化权函数为基础，可以构造出灰色变权聚类评估模型、灰色定权聚类评估模型、基于端点混合三角白化权函数的灰色聚类评估模型和基于中心点混合三角白化权函数的灰色聚类评估模型等。在构造评估模型时，需要结合实际问题，综合考虑评估对象的特点、聚类指标的量纲以及评估模型的适用范围等因素。当聚类指标的观测值的量纲相同且聚类指标的权重未知时，通常构造灰色变权聚类评估模型；当聚类指标的观测值的量纲不同且差别较大时，可以事先对各聚类指标进行赋权，进而构造灰色定权聚类评估模型；当各灰类边界清晰，但最可能属于各灰类的点不易判断时，可以构造基于端点混合三角白化权函数的灰色聚类评估模型；当各灰类边界不清晰，但可能属于各灰类的点容易判断时，可以构造基于中心点混合三角白化权函数的灰色聚类评估模型。由于本评价的灰类边界模糊，但各灰类的点较易判断，因此采用基于中心点混合三角白化权函数的灰色聚类评估模型，见式（7-2）。

$$f_j^k(x) = \begin{cases} 0 & x \notin [a_{k-1}, a_{k+1}] \\ \dfrac{x - a_{k-1}}{\lambda_k - a_{k-1}} & x \in [a_{k-1}, \lambda_k] \\ \dfrac{a_{k+2} - x}{a_{k+2} - \lambda_k} & x \in [\lambda_k, a_{k+2}] \end{cases} \tag{7-2}$$

式中：$f_j^k(x)$ 为 j 指标 k 子类白化权函数，k 代表灰类，$\lambda_k = \dfrac{a_k + a_{k+1}}{2}$。

对于"合格"和"优秀"两个灰类，分别构造相应的下限测度白化权函数和上限测度白化权函数；对于"一般"和"良好"两个灰类，构造适中测度白化权函数。具体构造过程为：

设 x 为 j 指标的一个观测值，λ_j^1、λ_j^2、λ_j^3 和 λ_j^4 分别是灰类 k（$k=1$、2、3、4）的中心点，取值分别为 60、70、80 和 90。

① 当 $x \in [50, 70]$ 时，与灰类"一般"对应的白化权函数如下：

$$f_j^1(x) = \begin{cases} 0, & x \notin [50, 70] \\ 1, & x \in [50, 60] \\ (70 - x)/10, & x \in (60, 70] \end{cases} \tag{7-3}$$

② 当 $x \in [60, 80]$ 时，与灰类"中等"对应的白化权函数如下：

$$f_j^2(x) = \begin{cases} 0, & x \notin [60, 80] \\ (x - 60)/10, & x \in [60, 70] \\ (80 - x)/10, & x \in (70, 80] \end{cases} \tag{7-4}$$

③ 当 $x \in [70, 90]$ 时，与灰类"良好"对应的白化权函数如下：

$$f_j^3(x) = \begin{cases} 0, & x \notin [70, 90] \\ (x - 70)/10, & x \in [70, 80] \\ (90 - x)/10, & x \in (80, 90] \end{cases} \tag{7-5}$$

④ 当 $x \in [80, 100]$ 时，与灰类"优秀"对应的白化权函数如下：

$$f_j^4(x) = \begin{cases} 0, & x \notin [80,100] \\ (x-80)/10, & x \in [80,90] \\ 1, & x \in (90,100] \end{cases} \qquad (7\text{-}6)$$

各灰类白化权函数示意图如图 7-1 所示。

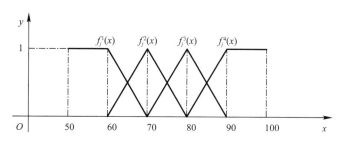

图 7-1　白化权函数示意图

3. 聚类系数的计算及其应用

计算评估对象 i 关于灰类 k 的聚类系数 σ_i^k 为

$$\sigma_i^k = \sum_{j=1}^m f_j^k(x_{ij}) \cdot \omega_j \qquad (7\text{-}7)$$

式中，$f_j^k(x_{ij})$ 为 j 指标 k 子类的白化权函数；ω_j 为指标 j 在综合聚类中的权重。此式可计算出各灰类的聚类系数，从而构造聚类向量 $(\sigma_i^1, \sigma_i^2, \sigma_i^3, \sigma_i^4)$，根据 $\max\{\sigma_i^k\} = \sigma_i^{k*}$，找出其中最大的聚类灰数，将评估对象 i 归入灰类 k^*。当多个对象同时属于同一灰类 k 时，同样可以根据白化权聚类系数的大小确定同一灰类各个对象的优劣层次。

以"沈阳市城市建设档案馆新馆"为例，说明灰色聚类评价方法在装配式钢结构建筑施工与安装技术评价中的应用，并验证该评估模型的实用性。

沈阳市城市建设档案馆新馆位于浑南新区，沈本大道和沈抚灌渠交界地块。新馆占地面积 4535.97m^2，总建筑面积 35437m^2，建筑高度 41.7m，地下 1 层，地上 9 层，耐火等级 1 级，抗震设防烈度 7 度，使用年限 100 年。该项目定位为绿色、循环、低碳发展的多功能建筑体，采用了最新研发的装配式轻钢混合体系，主体结构为钢框架结构，楼板采用钢筋桁架组合楼板，墙体采用轻质砌块，墙体与钢框架钢梁连接采用新形式，主要包括 L 型卡和角钢。把 L 型卡通过侧面角焊缝焊接在工字型钢梁的下面，然后砌筑轻质砌块内墙，使其一侧紧贴 L 型卡，另一侧通过角钢卡紧，角钢和 L 型卡之间通过焊接连接。此工程切实践行了节能、节地、节水、节材和环境保护即"四节一环保"的最高标准，可完全满足国务院及发改委，住房城乡建设部力主的设计标准化、部件工厂化、安装机械化的要求。根据工程的实际情况，邀请 10 余位相关专家进行评分，各指标所得分数的平均值见表 7-5 所列。

指标得分表　　　　　　　　　　　　　　　　　　表 7-5

指标	得分	指标	得分
安全控制	84	资源投入配置控制	87
质量控制	92	工期优化	78

指标	得分	指标	得分
标准化程度	82	不可再生资源投入	67
施工建造装配化	89	绿色施工	86
组织管理科学化	72	政策导向	78
现金成本控制	76	产业带动作用	62

将各指标所得分数代入白化权函数（7.3）—（7.6）中，计算出各指标关于不同灰类的白化权函数值，结果如下：

$$f_1^1(84) = 0.00, \quad f_1^2(84) = 0.00, \quad f_1^3(84) = 0.60, \quad f_1^4(84) = 0.40$$
$$f_2^1(92) = 0.00, \quad f_2^2(92) = 0.00, \quad f_2^3(92) = 0.00, \quad f_2^4(92) = 1.00$$
$$f_3^1(82) = 0.00, \quad f_3^2(82) = 0.00, \quad f_3^3(82) = 0.80, \quad f_3^4(82) = 0.20$$
$$f_4^1(89) = 0.00, \quad f_4^2(89) = 0.00, \quad f_4^3(89) = 0.10, \quad f_4^4(89) = 0.90$$
$$f_5^1(72) = 0.00, \quad f_5^2(72) = 0.80, \quad f_5^3(72) = 0.20, \quad f_5^4(72) = 0.00$$
$$f_6^1(76) = 0.00, \quad f_6^2(76) = 0.40, \quad f_6^3(76) = 0.60, \quad f_6^4(76) = 0.00$$
$$f_7^1(87) = 0.00, \quad f_7^2(87) = 0.00, \quad f_7^3(87) = 0.30, \quad f_7^4(87) = 0.70$$
$$f_8^1(78) = 0.00, \quad f_8^2(78) = 0.20, \quad f_8^3(78) = 0.80, \quad f_8^4(78) = 0.00$$
$$f_9^1(67) = 0.30, \quad f_9^2(67) = 0.70, \quad f_9^3(67) = 0.00, \quad f_9^4(67) = 0.00$$
$$f_{10}^1(86) = 0.00, \quad f_{10}^2(86) = 0.00, \quad f_{10}^3(86) = 0.40, \quad f_{10}^4(86) = 0.60$$
$$f_{11}^1(78) = 0.00, \quad f_{11}^2(78) = 0.20, \quad f_{11}^3(78) = 0.80, \quad f_{11}^4(78) = 0.00$$
$$f_{12}^1(62) = 0.80, \quad f_{12}^2(62) = 0.20, \quad f_{12}^3(62) = 0.00, \quad f_{12}^4(62) = 0.00$$

根据式（7-7）计算灰色聚类系数 σ_i^k，其计算结果见表7-6。

各指标的灰色聚类系数　　　　　　　　　　表7-6

灰类 指标	合格	一般	良好	优秀
安全控制	0.000	0.000	**0.043**	0.029
质量控制	0.000	0.000	0.000	**0.148**
标准化程度	0.000	0.000	**0.021**	0.005
施工建造装配化	0.000	0.000	0.004	**0.035**
组织管理科学化	0.000	**0.010**	0.002	0.000
现金成本控制	0.000	0.090	**0.135**	0.000
资源投入配置控制	0.000	0.000	0.029	**0.069**
工期优化	0.000	0.052	**0.206**	0.000
不可再生资源投入	**0.006**	**0.014**	0.000	0.000
绿色施工	0.000	0.000	0.017	**0.025**
政策导向	0.000	0.006	**0.024**	0.000
产业带动作用	0.000	0.006	0.000	**0.024**
评价结果	**0.006**	**0.177**	**0.482**	**0.335**

根据 $\max\{\sigma_i^k\} = \sigma_i^{k*}$，沈阳市城市建设档案馆新馆施工与安装技术综合性能总体而言属于"良好"。在质量控制、施工建造装配化、资源投入配置控制、绿色施工、产业带动作

用方面属于"优";在安全控制、标准化程度、现金成本控制、工期优化、政策导向方面属于"良";在组织管理科学化、不可再生资源投入方面属于"一般";在不可再生资源投入方面属于"合格"。

7.2.2 基于模糊隶属度原理的评价模型

构建的装配式钢结构建筑施工与安装技术评价体系中有些指标虽然给出了具体的算法,如构件部品的装配率、机械化程度等,但由于评价的对象是建筑工程而不是生产线出产的产品,所处地区的不同,建筑设计导致的施工难易程度不同,使得同一指标对不同工程的评判标准也不一定相同,虽然我国于 2015 年 8 月颁布了《工业化建筑评价标准》GB/T 51129—2015,但标准中对机械化程度等指标未有明确定义,同时各地区的发展水平不一致,对装配式建筑的需求也不一致,由于装配式建筑在我国尚处于发展时期,各地每年的要求和标准也在变化,该标准已于 2018 年 2 月 1 日废止。故此装配式钢结构建筑施工与安装技术的评价应以定性指标为主,根据专家意见综合评价。为了将定性问题转化为定量问题,解决模糊指标的量化问题,可以利用模糊控制理论中的隶属度函数原理与层次分析法相结合,得出最终的评价结果。

1. 评语集的构建

定性指标量化理论的第一步,是建立评价指标对应的评估等级,研究中的所有指标都是建立在工程质量合格的基础上进行评价,质量控制模块中的指标是根据建筑工程施工质量评价标准的要求,建立的基于检验批样本合格比例的评估等级及对应分数,故建立的评价体系采用与之相同的评估等级和分值,评语集为 $A=\{a_1, a_2, a_3 \cdots \cdots a_n\}$,其中的 a 表示对应的评估等级,参考建筑工程施工质量评价标准,本书对评语集赋分,$A=\{$优,良,一般,合格$\}=\{100, 85, 70, 60\}$。

2. 单个指标隶属度的计算

对于单个指标的隶属度计算,在模糊数学理论中也称单因素评估,单因素评估集合 $r=\{r_1, r_2, r_3 \cdots \cdots r_n\}$,$r_n$ 表示评价指标对第 n 个评估等级的隶属度,整理专家针对此指标的意见后,即得到对应指标有 w_1 个 a_1 级评语,w_2 个 a_2 级评语,……,w_n 个 a_n 级评语,这样就有 r_n 的计算公式,即

$$r_n = \frac{w_n}{\sum_1^n w_n} \tag{7-8}$$

其中,$n=1, 2, 3, 4$。

3. 单个指标的量化计算

将单因素隶属度 r 与其对应的评语集赋分相乘即得到此指标的量化分数 K,见式(7-9)。

$$K = [r_1, r_2, r_3 \cdots \cdots r_n] \times [a_1, a_2, a_3 \cdots \cdots a_n]^T \tag{7-9}$$

将得到的对应指标量化分数与层次分析法构建的指标权重相乘,即得到相应指标在整个指标体系的分数,通过此法计算所有定性指标从而得到最后的评价得分。

例如:对某工程施工机械化程度的评价,有 10 位专家参与,通过计算使用机械施工所占总工程量的比例得出了施工机械化程度约为 60%。据此数据,专家给出了自己的意见。整理意见,统计有 4 位专家认为此工程机械化程度较高,属于优秀水平,4 位专家认

为施工机械化程度一般，属于一般水平，另外 2 位认为此工程的施工机械化程度仅为合格水平，则施工机械化程度指标的隶属度集合为

$$r = \{4/10, 0, 4/10, 2/10\} = \{0.4, 0, 0.4, 0.2\}$$

将隶属度与评语赋分集相乘可得到施工机械化程度的量化得分：

$$K = [0.4, 0, 0.4, 0.2] \times \begin{bmatrix} 100 \\ 85 \\ 70 \\ 60 \end{bmatrix} = 80$$

即，由 10 位专家评价意见得到的施工机械化程度指标量化分数为 80 分，在乘以层次分析法中对应指标的权重，即是其在指标体系中的相应得分。

4. 评分公式的建立及其应用

装配式钢结构建筑施工与安装技术评价总得分值按下式计算：

$$Q = \lambda_1 Q_1 + \lambda_2 Q_2 + \lambda_3 Q_3 + \lambda_4 Q_4 \tag{7-10}$$

$$Q_i = \sum_i^n a_i q_i$$

$$q_i = \sum_j^m a_{ij} q_{ij}$$

式中：Q——装配式钢结构建筑施工与安装技术评价的总得分值；λ_1、Q_1——技术性能指标的权重值和实际得分值；λ_2、Q_2——经济性能指标的权重值和实际得分值；λ_3、Q_3——绿色可持续性指标的权重值和实际得分值；λ_4、Q_4——产业政策效应指标的权重值和实际得分值。a_i、q_i——一级指标层各指标的权重值和实际得分值；a_{ij}、q_{ij}——二级或三级指标层各指标的权重值和实际得分值；n——一级指标层的指标数量；m——二级或三级指标层的指标数量。

当总分值为（60～69）分、（70～79）分、（80～89）分、90 分以上时，装配式钢结构建筑施工与安装技术分别评为合格、一般、良和优。

同样，以"沈阳市城市建设档案馆新馆"为例说明基于层次分析法建立的权重系数和基于模糊隶属度原理的评价模型在装配式钢结构建筑施工与安装技术评价中的应用，并验证该评估模型的实用性。根据工程的实际情况，邀请 10 位相关专家进行各指标的评价，其结果见表 7-7 所列。

指标得分表　　　　　　　　　　　　　　　　　表 7-7

	权重	优（人数）	良（人数）	一般（人数）	合格（人数）	得分
技术性能	0.2971	3	4	3	0	84
经济性	0.5809	2	3	3	2	78.5
绿色可持续性	0.0618	3	5	2	0	86.5
产业政策效应	0.0602	5	2	3	0	88

根据总得分公式（7-10）得

$$Q = \lambda_1 Q_1 + \lambda_2 Q_2 + \lambda_3 Q_3 + \lambda_4 Q_4$$

$$= 0.2971 \times 84 + 0.5809 \times 78.5 + 0.0618 \times 86.5 + 0.0602 \times 88 = 81.2$$

这说明沈阳市城市建设档案馆新馆施工与安装技术综合性能总体而言属于"良好"。

7.3 本章小结

本章结合与装配式钢结构建筑施工与安装评价指标相关的现行规范、标准以及国家、行业和地方出台的相关政策，提出了装配式钢结构建筑施工与安装技术评价指标的具体评价标准及具体评价方式；进而建立了基于灰色聚类和基于模糊隶属度原理的评价模型；以"沈阳市城市建设档案馆新馆"为例，进行了装配式钢结构建筑施工与安装技术评价体系在该项目中的应用，进一步证明了评估模型的实用性。

第8章 评价体系界面的开发

8.1 编程软件的选择

可视化编程软件中 VB、VC、VF、Delphi、Java 等都是相当优秀的工具，但是对于不同专业领域各自又有着不同的特点。

VB、VC、VF 均是由 Microsoft 微软公司出品的可视化编程工具或者编程语言，在功能上各有千秋，VB 是微软开发的一款结构化的、模块化的、面向对象的、包含以协助开发环境的事件驱动为机制的可视化程序设计语言，是世界上第一款可视化的编程工具，这也使得 VB 的市场占有率很高，较其他编程工具而言，VB 的特点在于可用多种接口连接到数据库，并且 VB 首先引入的控件概念使得程序员轻松且快速的建立一个应用程序；VC 不但具有程序框架自动生成、灵活方便的类管理、代码编写和界面设计集成交互操作、可开发多种程序等优点，而且通过简单的设置就可使其生成的程序框架支持数据库接口、3D 控制界面等。Delphi 是 Windows 平台下著名的快速应用程序开发工具，它具有简单、高效、功能强大的特点。与 VC 相比，Delphi 更简单、更易于掌握，且在功能上却丝毫不逊色；与 VB 相比，Delphi 则功能更强大、更实用，可以说 Delphi 同时兼备了 VC 功能强大和 VB 简单易学的特点，相比以上叙述的工具，本章所采用的 VF 不仅综合了以上叙述中各家的优点，同时在处理小型数据库或者在设备条件有限的情况下，VF 的数据能力较其他工具而言可以说是更好的选择。

8.2 主程序的创建

在完成评价指标体系构建的同时，利用 VF 软件设计了由评价体系指标构成的可视化操作界面，用以简化评价计算工作，提高评价效率。另外，构建电脑操作界面可以将现场数据采集和工程技术评价分开进行，从而减少评价工作的人为因素影响。

主程序作为整个应用程序的主控及启动文件，整个评价体系就是由此启动并逐级调用的，它的主要任务是设置应用程序的起始点、初始化环境、设置公共变量、显示初始界面、控制事件的循环等。一般情况下主程序中必须要包含下面几条命令：

```
Set sysmenu off && 关闭 VFP 的菜单
PUBLIC MYPATH && 定义全局变量 MYPATH
MYPATH = LEFT
(SYS(16),RAT("\",SYS(16))) && 提取当前路径,sys(16)是获取当前程序所在的全路径(包括当前运
    行程序名)
SET DEFA TO(MYPATH) && 设置默认路径
```

```
_screen.visible = .f.
Do form 主界面表单 && 调用主界面
Read events && 开始事件循环
```

设计的界面启动程序主要用于初始化界面、调用启动表单、设置默认路径，不涉及环境变量设置，故根据主程序简例，设置界面主程序为：

```
Set sysmenu off
MYPATH = LEFT
(SYS(16),RAT("\",SYS(16)))
SET DEFA TO(MYPATH)
_screen.visible = .f.
Do form   && (主表单)
Read events
```

与主运行程序对应的，应有其相应的退出程序，在主表单右下方设置了按钮形式的退出程序，其指令如下：

```
Close all && 关闭所有文件
Set sysmenu to default && 恢复 VFP 系统菜单
Clear events && 结束事件循环
Quit && 退出本应用
```

对于主编单下的子表单，其退出程序不是退出这个程序环境，而是返回主表单，这在程序编写上也存在区别，将子表单的退出返回主表单程序、计算程序以及将子表单结果返回主表单的代码编辑成一个按钮，即在计算子表单数据结束后将结果返回主表相对应的文本框，之后退出子表单并返回主表，其命令形式为：

```
If…
…&& 计算过程
thisformset.form3.pageframe1.page1.pageframe1.page3.pageframe1.page3.label2.caption = STR(m,
  10,3)
endif
thisform.HIDE
thisformset.form1.refresh
thisformset.form3.refresh
```

8.3　表单及页框结构的创建

评价界面的功能模块设计与层次分析法构建的评价体系结构类似，最上层为表单集，表单集中包括主表、质量控制模块、安全控制模块以及选填的表单，各表单中不同指标下的内容由页框分开显示，表单及主要页框的结构见图 8-1 所示。

在各个页框内设计添加了适合不同指标的控件，主界面如图 8-2 所示，其中的内容主要由标签、组合框、微调框及选项框组成，标签 Label 的功能是定义变量或标号的类型，

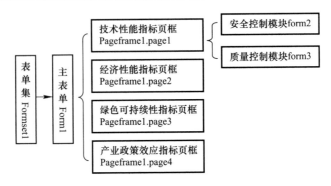

图 8-1　表单及主要页框的结构

而变量或标号的段属性和偏移属性由该语句所处的位置确定，本程序中标签用于显示指标名称，通过修改相应标签 Label 的 Caption 值完成，微调控件 Spinner 主要用于显示和微调评价指标的权重系数，通过修改 Spinner 属性值中的 Value 来完成，同时微调控件的微调频率，由 Spinner 属性值中的 Increment 属性修改，考虑权重系数由专家调查问卷得出的数据通过层次分析法计算而得出，对于具体工程权重仅可能有略微变化，所以本程序设置权重微调频率为 0.01，组合框用于显示评价相应得分，通过手动输入，选项框主要用于平行指标的选择，例如普通地基、复合地基和桩基，互为平行指标如图 8-3 所示。

图 8-2　评价体系主界面

本文通过设置选项框使平行指标不能同时选择和操作；通过设置选项框相应选项的 when 代码，使得与指平行的指标权重值变为 0 从而不参与整个评价的计算，代码形式如下：

```
When
Thisform. Pageframe1. Page1. Pageframe1. Page1. Spinner3. value = 0
Thisform. Pageframe1. Page1. Pageframe1. Page1. Spinner4. value = 0
Thisform. Pageframe1. Page1. Pageframe1. Page1. Spinner5. value = 0
Thisform. Pageframe1. Page1. Pageframe1. Page1. Spinner6. value = 0
Thisform. Pageframe1. Page1. Pageframe1. Page1. Spinner1. value = 0. 3958
Thisform. Pageframe1. Page1. Pageframe1. Page1. Spinner1. value = 0. 6042
```

图 8-3　质量控制模块基础页框的平行指标

评价体系中对各个指标的指标说明，由设置在各个表单左下角的隐藏 Label 显示，不同指标对应的指标说明通过鼠标焦点变化而显示，例如图 8-4 中鼠标焦点在技术性能指标的普通地基指标评分分数组合框上，表单界面左下角则显示相应说明，鼠标焦点移动到其他指标时显示相应指标说明。

图 8-4　指标说明显示举例

最后，程序的计算部分，设计为按钮形式，数据输入完毕后通过点击计算按钮，同时完成数据采集、整合与计算。主表下，质量控制和安全控制等模块的计算，由其相应界面下的计算按钮完成，如质量控制模块中的计算按钮负责采集质量模块界面的数据，计算并将结果返回主表的技术性能指标中相应的位置，同时关闭本模块。

人工输入的数据，利用计算代码采集有两种形式：微调控件的显示数值和组合框中选择的分值。微调控件中的权重系数其本身属性为数值型，故可直接利用指向指令采集，例如图 8-4 中基础及土方工程中的性能检测指标的权重可用代码表示为：

thisform. pageframe1. page2. spinner6. value

而组合框中所选择的分值为文本型，需要转换为数值型才可进行计算，通过 VAL 指令实现，例如图 8-2 中构件预制率和部品装配率指标的分数可用代码表示为：

val(thisform. pageframe1. page2. combo17. value)

计算过程，采用编号代替代码，利用 if 语句构成计算部分，例如质量控制模块中降水排水部分指标的计算按钮代码如下：

```
K = thisformset. form6. pageframe1. page1. spinner8. value
a = thisformset. form6. pageframe1. page1. spinner1. value
b = thisformset. form6. pageframe1. page1. spinner2. value
c = thisformset. form6. pageframe1. page1. spinner3. value
d = thisformset. form6. pageframe1. page1. spinner4. value
e = thisformset. form6. pageframe1. page1. spinner5. value
f = thisformset. form6. pageframe1. page1. spinner6. value
g = thisformset. form6. pageframe1. page1. spinner7. value
a1 = val(thisformset. form6. pageframe1. page1. combo1. value)
a2 = val(thisformset. form6. pageframe1. page1. combo2. value)
a3 = val(thisformset. form6. pageframe1. page1. combo3. value)
a4 = val(thisformset. form6. pageframe1. page1. combo4. value)
a5 = val(thisformset. form6. pageframe1. page1. combo5. value)
a6 = val(thisformset. form6. pageframe1. page1. combo6. value)
a7 = val(thisformset. form6. pageframe1. page1. combo7. value)    && 编号代替代码
if K>1
    messagebox("Error! Restart. ")
else
m = K * (a * a1 + b * a2 + c * a3 + d * a4 + e * a5 + f * a6 + g * a7)
thisFormset. form3. pageframe1. page1. pageframe1. page3. pageframe1. page3. label3. caption = str(m,
    10,3)    && if 语句构成的计算部分
end if
thisform. HIDE    && 关闭当前界面
thisformset. form1. refresh
thisformset. form3. refresh    && 刷新
```

主界面无需将数据返回其他表，无需在计算同时关闭当前表，故主界面按钮无 thisform. hide 代码，其他与上述质量控制模块计算按钮代码结构基本一致，对于定性评价指标，笔者将计算过程编写成程序，输入数据时仅需将专家给出的对应评价体系评语集的评语个数即可，程序自动计算对应量化分数。

8.4　界面设计与功能开发

根据指标体系框架和设计的表单情况，利用 VF 中的 label、spinner、combo 以及对应

的属性和部分属性代码设计了评价软件的各个界面，在相应的运行环境下双击运行即可开启如图 8-5 所示的主界面。

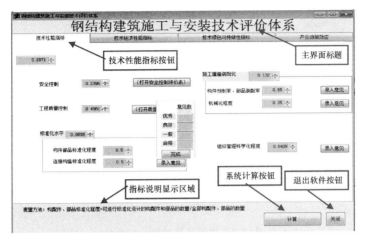

图 8-5　主界面

主界面下包括技术性能指标页框、技术经济性能指标页框、绿色可持续性指标页框及产业政策效应页框四个部分，图 8-5 中左下部分为对应指标的说明显示区域，随焦点变化显示相应的指标说明，右下为系统计算按钮，计算结果在左下显示指标说明区域显示，计算按钮右侧为退出本程序按钮。通过点击主界面标题下对应页框名显示对应页框内的内容，如图 8-6～图 8-8 所示。

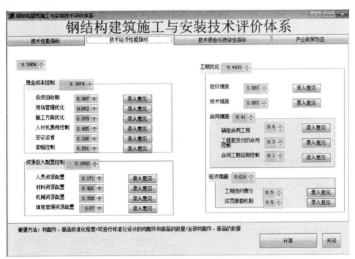

图 8-6　技术经济性能页框

主界面各部内容虽不同，但操作及使用步骤一致，共分为三部分，包括权重系数微调按钮、意见录入按钮以及计算按钮。

微调按钮中设置的默认值可根据用户需要通过微调按钮右侧的上下箭头自行调整，如图 8-9 所示。意见录入按钮为数据输入部分，单击此按钮打开对应位置的输入子界面可输入对应数据，点击界面内完成按钮即完成界面输入的数据处理，并将结果返回主界面，显示在对应指标微调按钮右侧，输入界面如图 8-9 所示。

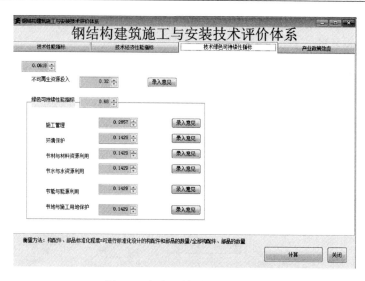

图 8-7　绿色可持续性指标页框

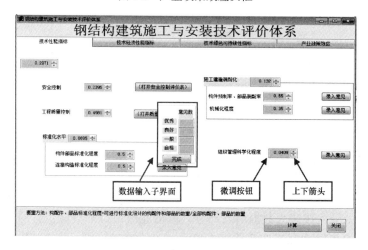

图 8-8　产业政策效应页框

图 8-9　微调按钮和输入按钮

另外，在技术性能指标页框内，包含两个单独模块，分别为安全控制模块和质量控制模块。单击相应按钮，显示对应的界面，见图 8-10。

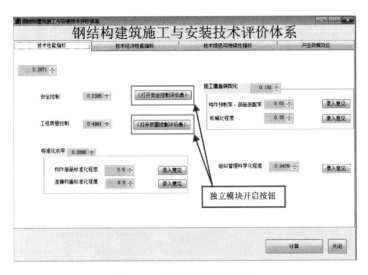

图 8-10　独立模块启动按钮

通过安全控制按钮开启的对应模块如图 8-11 所示，安全模块界面内包括微调按钮及数据输入框两部分，微调按钮功能与图 8-9 所示操作完全一致，安全模块输入部分为手动输入，直接单击对应文本框输入数据，输入完成后通过右下角"完成"按钮完成模块数据计算并将结果返回主界面对应位置。

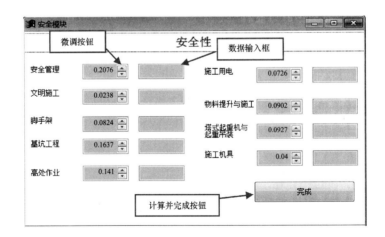

图 8-11　安全模块

通过质量控制按钮开启对应的模块如图 8-12 所示，质量模块包括基础及土方工程、主体结构、装饰装修工程、楼屋面工程、围护结构 5 页框，左下部分为标焦点对应的指标说明的显示区域，单击说明按钮可开启如图 8-13 的评分说明，界面右下角为计算并退出此模块按钮，并将模块结果返回主界面对应位置。

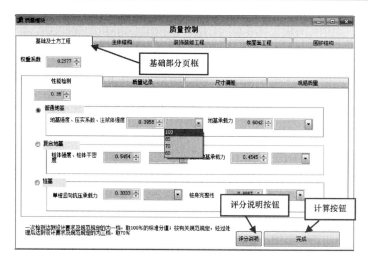

图 8-12 质量控制主界面

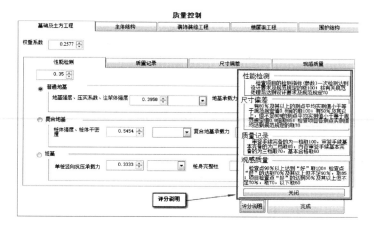

图 8-13 评分说明

质量控制模块的操作形式以主界面操作形式基本相同,包括微调按钮及数据输入按钮,数据输入按钮采用选择输入形式,如图 8-14 所示。

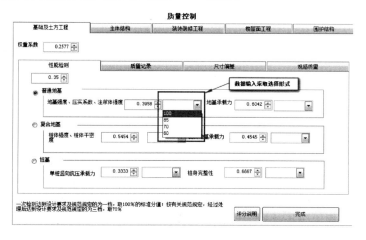

图 8-14 数据输入示意

　　另外，质量模块中一些并列指标，采用单选框形式编制，选择用户需求的对应指标类型则与其并列的其他指标微调控件的默认值将变为 0，以此方式处理并列指标的计算，如图 8-15 所示。

　　另外，在装饰装修页框下，包括了 3 个独立的模块，分别为地面铺装、吊顶及整体厨卫，通过对应的按钮开启，如图 8-16～图 8-18 所示。

图 8-15　单选框示意

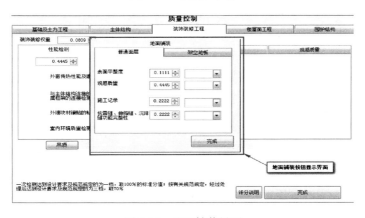

图 8-16　地面铺装界面

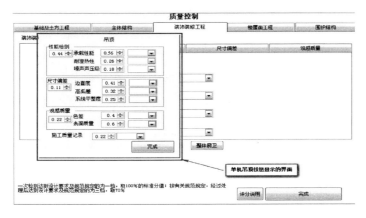

图 8-17　吊顶界面

图 8-18　整体厨卫界面

以上三部分中的按钮与质量控制模块主界面按钮操作完全一致，质量控制模块的其他部分，包括主体结构、楼屋面工程、围护结构操作界面包括的按钮与基础及土方工程完全相同，包括微调按钮和数据输入按钮，不再赘述，其界面形式如图 8-19～图 8-21 所示。

图 8-19　质量控制模块中的主体结构界面

图 8-20　质量控制模块中的楼屋面工程界面

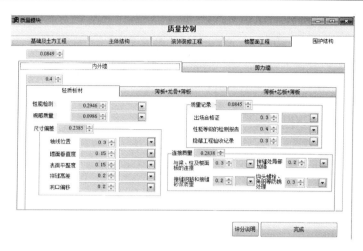

图 8-21　质量控制模块中的围护结构界面

　　最后，将项目连编成一个应用程序，此过程的最终结果是将所有在项目中引用的文件组合为一个单一的应用程序文件。利用 VF6.0 中的连编模式，可将编写程序生成相应的 APP，可用于安装了 VF 软件的计算机，也可以将主程序和表单打包编成 EXE 文件，在没有安装 VF 的计算机中应用，但这时还需要将两个 VF 动态链接库文件（VFP6R. DLL）和（VFP6ENU. DLL）复制到文件夹中供连接使用，至此应用程序连编完成。整个评价指标体系界面共编写代码约 2000 行，400 余条 when 属性命令以及大量控件命令。最后，通过 VF 菜单下的安装向导将连编的文件导出为应用程序，形成的 .exe 文件即可在其他环境下使用。

8.5　本章小结

　　本章通过对比编程软件的适用情况，确定了利用 VF 编制可视化的评价体系操作界面，根据评价指标体系的特点设计了界面编制的框架，根据评价指标不同的处理方式设计了不同的界面操作形式，并根据不同指标，将其相应的指标说明加入到了操作界面中，最后，根据使用情况的不同，给出了在不同系统环境下装配式钢结构建筑施工与安装技术评价体系操作界面的相应处理方式。

附　录

专家调查问卷

尊敬的专家：

您好！我们是沈阳建筑大学土木工程学院李帼昌教授团队，我们目前正在进行国家"十二五"科技支撑计划课题"钢结构建筑工业化建造与施工技术"的研究工作，其中课题研究内容中欲构建一套钢结构建筑施工与安装技术评价指标体系，现需对体系中各个指标的权重加以确定。我们得知您在此方面有较高的学术造诣和实践经验，恳请您抽出一点宝贵时间进行填写本问卷。请通过电子邮件返回（507786353@qq.com）。感谢您在百忙之中抽出时间来帮助我们完成这份问卷。谢谢！

1　问卷说明

该问卷调查目的是确定"钢结构建筑施工与安装技术评价体系"中的施工质量控制模块的各级指标相对权重，此模块中主要有基础、主体结构、装饰装修、楼屋面和围护结构五个一级指标。本问卷为评价体系第二部分：结构工程。

2　问卷部分

表1具体分值及分值说明，反映的是各个指标之间对于上一级指标的重要程度，请您在每一个问题后面选择表1中的分值。

分值说明　　　　　　　　　　　　　　　　　　　　　　　表1

−9	极其不重要	9	极其重要
−8	相当不重要、极其不重要之间	8	相当重要、极其重要之间
−7	相当不重要	7	相当重要
−6	明显不重要、相当不重要之间	6	明显重要、相当重要之间
−5	明显不重要	5	明显重要
−4	稍微不重要、明显不重要之间	4	稍微重要、明显重要之间
−3	稍微不重要	3	稍微重要
−2	同等重要、稍微不重要之间	2	同等重要、稍微重要之间
	1：同等重要		

装配式钢结构建筑工程施工与安装质量评价根据工程部位，分为基础工程、主体结构工程、装饰装修工程、楼屋面工程及围护结构工程。

■ 对于"钢结构建筑工程施工与安装质量"而言

（1）"基础工程施工质量"相比"主体结构工程施工质量"相对重要程度是（　　　）。

（2）"基础工程施工质量"相比"装饰装修施工质量"相对重要程度是（　　　）。

（3）"基础工程施工质量"相比"楼屋面施工质量"相对重要程度是（　　　）。

（4）"基础工程施工质量"相比"围护结构施工质量"相对重要程度是（　　　）。

（5）"主体结构工程施工质量"相比"装饰装修施工质量"相对重要程度是（　　　）。

（6）"主体结构工程施工质量"相比"楼屋面施工质量"相对重要程度是（　　）。

（7）"主体结构工程施工质量"相比"围护结构施工质量"相对重要程度是（　　）。

（8）"装饰装修施工质量"相比"楼屋面施工质量"相对重要程度是（　　）。

（9）"装饰装修施工质量"相比"围护结构施工质量"相对重要程度是（　　）。

（10）"楼屋面施工质量"相比"围护结构施工质量"相对重要程度是（　　）。

■ 对于"主体结构工程施工质量"而言

（11）"钢结构工程性能检测"相比"结构工程质量记录"相对重要程度是（　　）。

（12）"钢结构工程性能检测"相比"结构工程尺寸偏差及限值实测"相对重要程度是（　　）。

（13）"钢结构工程性能检测"相比"结构工程观感实测"相对重要程度是（　　）。

（14）"结构工程质量记录"相比"结构工程尺寸偏差及限值实测"相对重要程度是（　　）。

（15）"结构工程质量记录"相比"结构工程观感实测"相对重要程度是（　　）。

（16）"结构工程尺寸偏差及限值实测"相比"结构工程观感实测"相对重要程度是（　　）。

最后希望您根据个人情况填写以下信息，再次感谢！

姓　　　　　名：＿＿＿＿＿＿＿＿＿＿＿＿＿＿＿＿＿＿＿＿＿

工 作 单 位 名 称：＿＿＿＿＿＿＿＿＿＿＿＿＿＿＿＿＿＿＿＿＿

职 务 或 职 称：＿＿＿＿＿＿＿＿＿＿＿＿＿＿＿＿＿＿＿＿＿